从一加一到现代数论

[美] 阿夫纳·阿什（Avner Ash）
[美] 罗伯特·格罗斯（Robert Gross）　著

张万雄　译

Summing It Up:
From One Plus One to Modern Number Theory

重庆大学出版社

"礼仪不是在课堂上传授的,"爱丽丝说:"课堂上只教我们做算术之类的事情."

　　"你擅长算术吗? 1+1+1+1+1+1+1+1+1+1 总共是多少?"白棋皇后问.

　　"我不知道."爱丽丝答:"我算不清."

　　"她不会做算术."红棋皇后打断她说.

——刘易斯·卡罗尔,《爱丽丝镜中奇遇记》

　　数字.其实,所有的音乐都是.二乘二除以半数得两个一.振动:和音就是这么一回事.一加二加六得七.要弄数字,可以随心所欲.结果总是这等于那.墓园围墙下的对称.

——詹姆斯·乔伊斯,《尤利西斯》

　　……真诚的爱情充溢在我的心里,我无法估计自己享有的财富.

——威廉·莎士比亚,《罗密欧与朱丽叶》Ⅱ,vi. 33-34.

前　言

　　把两个整数相加是我们学习数学的第一件事. 做加法是一件相当简单的事情, 但在对数字感兴趣的人心目中, 它几乎立刻引发了各种稀奇古怪的问题. 其中, 一些问题已列在本书的导言第 3 页中. 本书写作的首要目的是以轻松的方式揭示这些问题以及由它们引出的定理. 你可以在导言中读到关于本书写作主题的更详细的讨论.

　　精确是数学的本质; 不够精确会导致误判. 例如,《尤利西斯》中的布鲁姆沉思, 他宣称如果没有使用准确的语言和提供完整的上下文, 算术看起来就像是胡说八道. 然而, 它们可以做如下解释: "二的二倍除以一半等于一的两倍" 即 $\frac{2+2}{2} = 2 \cdot 1$, 因为布鲁姆模棱两可的短语 "除以一半" 的意思是 "切成两半". 同样, "$1 + 2 + 6 = 7$" 适用于音程: 如果把第一个、第二个、第六个音程相加, 结果确实是第七个音程. 布鲁姆自己也指出, 如果你隐瞒你正在做的事情的明确含义, 这就可能看起来像是在 "变戏法".

　　布鲁姆有自言自语的权利. 在本书中, 我们努力做到清晰和精确, 同时又不过分陷入迂腐. 读者的收获将决定我们取得了多大的成功. 除了清晰和精确之外, 严格的逻辑证明是数学的特征. 本书中所有的数学断言都是可以证明的, 但这些证明往往过于复杂, 以至于我们无法详细讨论. 在教科书或研究专著中都会给出它们的证明, 所有这些证明在列出的参考文献中都可以找到. 在本书中, 读者必须相信所有的数学断言都是经过证明的.

　　本书是关于数论系列作品的第三部, 它们是为具有一般数学素养的读者编写的 (稍后会准确地说明我们所说的 "数学素养" 的含义). 前两本书是《无畏的对称》和《椭圆故事集》(Ash & Gross, 2006; 2012). 在第一本书中讨论了丢番图方程中的问题, 如费马大定理. 在第二本书中讨论了与椭圆曲线相关的问题,如 Birch-Swinnerton-Dyer 猜想. 在这两本书中,提到了一些关于模形式的内容,模形式是一个高级话题,在数论的各个领域中都起着至关重要的作用. 当我们读到这些书的最后几章时,已经介绍了很多概念,以至于我们只能间接地提及模形式的理论. 本书的写作目的之一是在第三部分给出一个更适当和详细的模形式解释,其动机是在第一部分和第二部分中讨论的各种问题.

三部曲中的每一部都可以独立阅读. 在阅读完本书的前两部分内容之后,一个非常勤奋的人可能会从阅读《无畏的对称》或《椭圆故事集》以及本书的第三部分中获益,因为它们为学习第三部分中详细讨论的模形式提供了额外的动力. 当然,这不是必须的——我们相信,在前面两个部分中所研究的数论问题自然会导致对模形式的积极探索.

本书的三个部分内容是为具有不同程度数学背景的读者设计的. 第一部分需要高中代数和几何知识. 只有在一些可有可无的章节中,才需要更深层次的数学知识. 其中一些解释涉及复杂的、有时很长的代数运算,只要你愿意,可以随时跳过. 第二部分需要了解标准微积分课程的内容(主要包括无穷级数、微分和泰勒级数),你还需要了解复数,在此我们作了简要回顾. 第三部分则不需要任何额外的数学知识,但它变得相当复杂. 你可能需要足够的耐心来阅读所有的细节.

各个章节的难度有时会大幅度波动. 你可以以任何顺序浏览它们,也可以随时查阅前面跳过的章节或部分,必要时补上细节. 然而,在第三部分中,如果你按顺序阅读,可能会更有意义.

数论的发展让我们惊讶人类所取得的成就,从一加一等于二到二加二等于四(这是我们确信正确并且烂熟于心的简单真理的一个例子). 即便是现在,数论也是活跃的研究领域. 希望你会喜欢我们的尝试,接下来一起探索这些奇妙的想法.

译者注:为了保持原书风格及便于阅读,书中的定理、推论、引理及公式编号与原书保持一致.

目　录

导言：本书讲的是什么？

1. 加法

计数——一、二、三、四，或者 1（*uno*）、2（*dos*）、3（*tres*）、4（*cuatro*）（或任何语言）；或Ⅰ、Ⅱ、Ⅲ、Ⅳ或1、2、3、4或任何符号——可能是人类的第一个理论数学活动. 它是理论性的，因为它脱离了实体，无论这些被计数的实体是什么. 牧羊人首先堆起鹅卵石，每块石头表示放一只羊出去吃草，然后当羊回到羊圈时，再把石头一个一个地扔掉，这是在演示一种实用的数学行为——创建一对一的对应关系. 但这一行为仅仅是实践，没有伴随任何理论.

本书关注的是接下来可能被发现（或发明）的数学活动——加法. 我们可能认为加法是原始的或简单的，即使小孩子都能明白. 然而，片刻的反思将使你相信，人类必须付出巨大的努力才能构思出一个抽象的加法理论. 在数字出现之前，人们不能把两个数相加，并且纯数的形成是复杂的，因为它涉及抽象的逻辑.

你可能想要直接学习数学意义上的加法并且跳过本节的其余部分，或者揣测出一些与数学概念和实践相关的哲学问题，正如本书的主题所示. 那些对这些哲学问题有鉴赏力的人可以享受以下极其简短的概述.

也许这种纯数的抽象概念是通过计数的经验形成的. 一旦有了一系列的数字词汇，你就可以第一天数斧头，第二天数绵羊，第三天数苹果. 过了一段时间后，你只需要列举那些单词，而不管任何特定被计数的事物，然后你可能会无意中发现纯数的概念. 更有可能的是，算术和抽象的数字概念是同

时发展起来的.[1]

一种理解数、计数和加法概念困难程度的方法是看数学哲学,直到今天,数学哲学还没有给"数"下一个能被人们普遍接受的定义.古希腊哲学家甚至不认为数1是一个数字,因为在他们看来,数字是我们数出来的,没有人会对数"1,句号"感到困惑.

除了提到的一类问题外,我们不会谈更多非常困难的数学哲学.伊曼努尔·康德和他的追随者非常关注加法,以及如何在哲学上证明加法的运算.康德声称有"先验人造真理",它们是真实的,我们可以在获得任何可能的经验之前知道它是真的,但它的真实性并不依赖于词语的纯粹意义.例如,语句"单身汉没有妻子"是真的,无须任何经验来保证它的正确,因为它是"单身汉"的定义"没有妻子"的一部分.这样的真理称为"先验分析".康德声称,"五加七等于十二"是毋庸置疑的真理,无须任何经验来验证它的真实性,但它是"人工的",因为(康德声称)"十二"的概念与"五""七"和"加"的概念在逻辑上并没有关联或暗示.通过这种方式,康德可以用算术来证明先验存在的人工真理,然后可以继续考虑其他类似的真理,这些真理后来出现在他的哲学中.

相反,其他哲学家,如伯特兰·罗素认为,数学真理都是分析性的.这些哲学家常常认为逻辑先于数学.这里还有一种观点认为数学真理是"后验"的,即它们依赖于经验.这似乎是路德维希·维特根斯坦的观点.显然,在乔治·奥威尔的小说《1984》中,统治者们也有这样的观点:他们能使战败的英雄坚信二加二等于五.

数学哲学是极其复杂、专业和难以理解的.在 20 世纪期间,它变得越来越备受争议.奎因对分析-综合的区别提出了全面质疑.真理的概念(这个概念一直是一个很难解决的问题)变得越来越复杂.时至今日,对涉及数字及其性质的任何事物,哲学家们达成一致的看法并不多.幸运的是,我们不需

---

[1] 当然,在实践中,两个苹果很容易加到两个苹果上,得到四个苹果.但是,能够引导数论发展的理论方法非常困难.在古希腊的数学思想中,有一段时期,"纯"数与"物体"数就没有明确区分.关于算术和代数的早期历史,我们推荐参阅克莱因(Klein,1992)的著作.

要选取这些哲学问题,而是去欣赏数学家们发展的一些关于数字的漂亮理论.我们都对数字是什么有一些直观的理解,这种理解似乎就足以发展出关于数字的既没有矛盾又十分重要的定理的概念.通过人工或计算机做算术来测试这些定理,就可以满意地看到定理是有效的.

2. 有趣的求和

本书分为 3 部分:第一部分需要你懂得高等代数和笛卡儿坐标的基本知识,除了少数几个地方,基本上没有超出这个范围.在这一部分,我们将提出以下问题:

- $1 + 2 + 3 + \cdots + k$ 的和有没有一个简短公式?
- 如何求 $1^2 + 2^2 + 3^2 + \cdots + k^2$ 的和?
- 我们可以更大胆地提出,若 n 为任意整数,求 $1^n + 2^n + 3^n + \cdots + k^n$ 的简式.
- 如何求 $1 + a + a^2 + \cdots + a^k$ 的和?
- 一个给定的整数 N 是否可以写成完全平方数、立方数、n 次方数、三角形数、五边形数的和?
- 显然,大于 1 的整数可以写成更小的正整数之和.我们可以问:有多少种方法可以这么做?
- 如果一个数可以写成 k 个平方数的和,那么可以用多少种不同的方法来完成?

我们为什么要问这些问题?因为这些问题本身是有趣的和有历史原因的,这些问题的答案也会产生漂亮的探究方法和令人惊奇的证明.

在本书的第二部分,你需要知道一些微积分的知识.我们将研究"无穷级数",它们是无限长的求和,只能用**极限**的概念来定义.例如,

$$1 + 2 + 3 + \cdots = ?$$

这里的圆点表示把求和继续下去直到"永远".很明显,这个总数是没有答案

的,因为总数只会越来越大. 如果我们愿意,可以把这个和定义为"无穷大",但这也只是上一句话的更简短的表达方式.

$$1 + 1 + 1 + \cdots = ?$$

这个和也显然是无穷大.

该如何计算

$$1 - 1 + 1 - 1 + 1 - 1 + 1 - \cdots = ?$$

现在你可能会犹豫. 欧拉[1]说它加起来的最后结果是 $\dfrac{1}{2}$.

$$1 + a + a^2 + \cdots = ?$$

我们会发现,如果 a 是一个严格处在 -1 和 1 之间的实数,这个问题就有一个很好的答案. 在学习到"几何级数"时,你可能已经知道这个答案. 我们将扩展代数运算,这样 a 就可以为复数.

然后可以问

$$1 + 2^n + 3^n + \cdots = ?$$

这里的 n 是任意复数. 这个答案(一些 n 值)给出了一个关于 n 的被称为 ζ-函数的函数.

回到前一步,可以添加系数:

$$b_0 + b_1 a + b_2 a^2 + \cdots = ?$$

这就是引入生成函数概念的背景,这里的 a 本身是一个变量.

---

[1] 证明欧拉的答案的一种方法是使用无穷几何级数求和公式. 在第 7 章第 5 节中,我们有公式:

$$\frac{1}{1-z} = 1 + z + z^2 + z^3 + \cdots$$

只要满足 $|z| < 1$ 这个公式就是有意义的. 如果敢于走出有效区域,用 $z = -1$ 代替,我们就明白了为什么欧拉要如此解释.

我们也可以对 ζ- 函数级数添加系数并考虑如下级数

$$c_1 1^n + c_2 2^n + c_3 3^n + \cdots = ?$$

它被称为**狄利克雷级数**.

这些问题和答案促使我们在这本书的第三部分中定义和讨论**模形式**. 令人惊讶的是,模形式如何将前两部分的主题紧密联系在一起. 第三部分将需要你了解一点群论和一些几何学知识,并且比前两部分要复杂一些.

本书的目标之一是解释模形式,它是现代数论中不可或缺的部分. 在之前的两本书中,模形式出现得很少,但对结果却是至关重要的. 在本书中,我们想花些篇幅解释一些关于模形式的内容,尽管只会触及这一非常广泛和深奥的主题的表面. 在本书的结尾,我们将回顾如何在阿什和格罗斯(2006)中使用模形式来联系伽罗瓦表示理论并证明费马大定理,以及阿什和格罗斯(2012)用迷人的 Birch-Swinnerton-Dyer 猜想来描述三次方程的解.

作为本书的主题,我们从"平方数的和"开始,因为它是一个古老而漂亮的问题,其解是理解模形式的最好方法. 现在可以稍微描述一下这个问题.

考虑一个整数 n,称 n 是一个平方数,如果它等于 m^2, 这里 m 也是一个整数. 例如,64 是一个平方数,因为它等于 8 乘以 8,但 63 不是平方数. 注意, 我们将 $0 = 0^2$ 定义为一个平方数,类似的还有 $1 = 1^2$. 从列出的 $0,1,2,\cdots$ 开始,然后依次对每个数进行平方,就很容易列出所有平方数(因为负数的平方与它的绝对值平方是一样的,所以只需要使用非负整数),从而可以列出所有平方数

$$0,1,4,9,16,25,36,49,64,81,100,\cdots$$

正如你所看到的,越往后面,平方数之间的间距就越大(证明:相邻的两个平方数之间的距离为 $(m+1)^2 - m^2 = m^2 + 2m + 1 - m^2 = 2m + 1$, 所以距离会随 m 变大而变大. 注意到这点使我们有更精确的信息:相邻两个平方数的差是依顺序递增的正奇数). 如果用一点不合语法的话,我们可以很学究地就说平方数的列表是"一个平方数的和"的列表.

这里产生了一个更有趣的问题:什么是"两个平方数的和"的列表?你可以写一个计算机程序,把这个列表输出到某个极限 N,你的计算机程序至少可以用两种不同的方式生成列表.首先,列出直到 N 的所有平方数;其次:

方法 1:添加你清单上的所有可能的方式.然后按升序排列答案.

方法 2:把 n 从 0 取到 N 并构成一个环,对每一个 n,把所有平方数之和小于或等于 n 的数对加起来看是否能得到 n.如果能,把 n 加入列表,并继续转到 n + 1;如果不能,把 n 从列表中删除,然后转到 n + 1.

注:我们定义 0 是一个平方数,所以任何一个平方数也是两个平方数的和.例如, $81 = 0^2 + 9^2$. 同样,也允许一个平方数被重复使用,所以任意平方数的两倍都是两个平方数的和.例如, $162 = 9^2 + 9^2$.

运行你的程序或者手工添加平方数.无论哪种方式,你都会得到一个像下面的两个平方数的和的列表:

$$0,1,2,4,5,8,9,10,13,\cdots$$

正如你所看到的,并不是每一个数字都在列表中,我们也不清楚如何预测给定的数字是不是两个平方数的和.例如,是否有一种方法可以在不运行计算机程序的情况下判断 12345678987654321 是否在列表中?现在,你的程序可能只需要一转眼的工夫就能把所有的平方数加到 12345678987654321,但是我们可以很容易地写出一个足够大的数字来减慢计算机得出结果的速度.更重要的是,我们希望对问题有一个理论上的回答,它的证明能使我们对列表上的数字和哪些不在列表上的数字有所了解.

皮埃尔·德·费马在 17 世纪[1]提出了这个问题,他一定列出了这样一个清单.在 17 世纪时没有计算机,所以他的清单不可能那么长,但他能猜出

---

[1]   另一位数学家艾伯特·吉拉德在费马之前问过这个问题并猜出了答案,但费马最先公开了这个问题.

哪个数字是两个平方数的和[1]的正确答案. 在第 2 章中,我们将提供答案,并用粗略的方式讨论证明. 因为这本书不是教科书,我们不想提供完整的证明. 而是更喜欢讲一个更容易读懂的故事. 如果你愿意,你可以参考我们的参考资料并找到完整的证明.

一旦你对这种问题感兴趣(正如费马那样,他对数论的研究有巨大的推动作用),那么就很容易创造出更多的结论. 哪些数是三个平方数的和? 四个平方数的和? 五个平方数的和? 这个特定的拼图列表继续下去将失去意义,因为,0 作为平方数,任意四个平方数的和也将是五个、六个,或任何更多个平方数的和,事实上,我们将看到,任意一个正整数都是四个平方数的和.

你也可以问:哪些数是两个立方数的和? 三个立方数的和? 四个立方数的和? 等等. 然后可以用更高的幂代替立方数.

你还可以问(和欧拉一样):任何数都是四个平方数的和. 正方形有 4 条边. 每一个数都是 3 个三角形数的和、5 个五边形数的和吗,等等. 柯西证明了答案为"是".

在数学发展历史上的某个时期,发生了一些非常有创意的事情. 数学家开始问一个似乎更难的问题. 而不是只想知道 n 是否可以写成 24 个平方数的和(例如),我们问:有多少种不同的方法可以把 n 写成 24 个平方数的和? 如果方法数为 0,则 n 不是 24 个平方数的和. 但是,如果 n 是 24 个平方数的和,我们得到的信息比仅仅是"是"或"不是"的答案要多. 事实证明,这个更难的问题导致了强大的数学工具的发现,这些工具是非常漂亮的,它们的重要性超过了关于幂和的难题,它们是生成函数和模形式理论中的工具. 这是本书涉及的另一个主题.

---

[1] 费马在给另一位数学家马兰·梅森的信中宣布了答案,但没有证明. 第一个印刷出版的证明是由莱昂哈德·欧拉给出的.

第一部分

/ 有限和 /

第1章 引 言

为了让读者欣赏本书而不频繁地去查阅过多的其他文献,在本章中,我们收集了许多将在本书后面部分常用的基本事实.熟悉初等数论知识的读者可以跳过本章,必要时再回过头来参考,本章涵盖了阿什和格罗斯(2006)著作中的大部分主题.

1. 最大公因数

如果 a 是一个正整数而 b 是任意整数,那么长除法告诉我们总能用 b 除以 a,然后得到整数商 q 和整数余数 r. 即 $b = qa + r$, 余数 r 总是满足不等式 $0 \leqslant r < a$. 例如,如果取 $a = 3$ 和 $b = 14$, 那么有 $14 = 4 \cdot 3 + 2$, 商 $q = 4$, 余数 $r = 2$. 你可能不习惯这样考虑,但你也可以用 $b < 0$ 来做. 取 $b = -14$ 和 $a = 3$, 则有 $-14 = (-5) \cdot 3 + 1$, 商 $q = -5$, 余数 $r = 1$. 请注意,如果用2来除,余数总是0或1;如果用3来除,余数总是0,1或2;以此类推.

如果长除法得到的结果是 $r = 0$, 那么称"a 整除 b". 用符号 $a \mid b$ 表示. 当然,长除法要求 a 不能为0,因此任何时候符号 $a \mid b$ 都意味着 $a \neq 0$. 如果余数 r 不是零,则称"a 不整除 b". 用符号 $a \nmid b$ 表示. 例如,$3 \mid 6, 3 \nmid 14$, 以及 $3 \nmid (-14)$. 请注意,如果 n 是任意整数(即使为0),都有 $1 \mid n$. 同理,如果 a 是任意正整数,那么有 $a \mid 0$. 虽然给出太多例子稍显累赘,但是我们还是指明 $2 \mid n$ 意味着 n 是偶数,$2 \nmid n$ 意味着 n 是奇数.

现在假定 m 与 n 都是整数并且不全为0. 我们就能定义最大公因数:

定义 m 与 n 的最大公因数,记为 (m,n), 是指满足 $d \mid m$ 与 $d \mid n$ 的最大整数 d. 如果 m 与 n 的最大公因数是1,则称 m 与 n **互素**.

因为 m 的所有因数中最大的为 $m(m > 0)$ 或者 $-m(m < 0)$,理论上可以列出 m 和 n 的所有因数,然后挑选出两个列表中的最大公因数. 我们知道 1 是两者的公因数,在这两个列表中,可能同时有也可能没有比 1 更大的数. 例如,$(3,6) = 3$,$(4,7) = 1$,$(6,16) = 2$,以及 $(31,31) = 31$. 这个过程可能枯燥无味,即便如此,如果想计算 $(1\,234\,567, 87\,654\,321)$,有一个称为**欧几里得算法**的方法可以使我们计算出最大公因数,而不需要列出 m 与 n 的所有因数. 这里不会描述算法的详细过程,但我们会陈述并证明另一个结果,通常称为**裴蜀定理**.

定理 1.1 假设 m 和 n 不都是 0,d 是 m 和 n 的最大公因数,则存在整数 λ 和 μ,使得 $d = \lambda m + \mu n$.

如果愿意,你可以跳过证明. 事实上这是一个令人沮丧的不完整的证明,因为我们不会详细列出寻找 λ 和 μ 的方法,但欧几里得算法的部分结果可以让你迅速找到 λ 和 μ.

证明 设 S 表示下面的完备集,符号 **Z** 表示所有整数的集合:

$$S = \{am + bn \mid a, b \in \mathbf{Z}\}$$

换句话说,S 是所有 m 的倍数(正的、负的和零)加上所有 n 的倍数(同上). 因为 S 包含 $0 \cdot m + 0 \cdot n$,故 S 包含 0. 无论 m 和 n 为正或为负,S 均包含 m,$-m$,n 和 $-n$,即 S 包含一些正负整数. 除此之外,如果将 S 中的两个数相加,其和仍在 S 中[1]. 另一个不明显的断言就是对属于 S 中的任意数 s,s 的任意倍数仍然在 S 中[2].

现在来寻找集合 S 中的最小正整数 d(这里用到了一个相当巧妙的事实:如果 T 是一个包含某些正整数的集合,那么 T 中有最小的正整数). 我们知道 d 是 m 与 n 的倍数之和,因此有 $d = \lambda m + \mu n$. 现在,只需证明 3 个论断:

---

[1] 证明:$(a_1 m + b_1 n) + (a_2 m + b_2 n) = (a_1 + a_2)m + (b_1 + b_2)n$.

[2] 证明:如果 $s = a_1 m + b_1 n$,那么 $ks = (ka_1)m + (kb_1)n$.

①$d \mid m$.

②$d \mid n$.

③如果 $c \mid m$ 且 $c \mid n$, 那么 $c \leqslant d$.

当证明完这些论断后,就能确定 d 是 m 与 n 的最大公因数.

让我们尝试用 m 除以 d,即将 m 表示为 $m = qd + r$, 这里 $0 \leqslant r < d$. 将其改写为 $r = (-q)d + m$, 因为有 $1 \cdot m + 0 \cdot n$, 所以 m 是 S 中的元素. 因为 d 是 S 中的元素, 故 d 的任何倍数都是 S 中的元素. 特别地, $(-q)d$ 是 S 中的元素. 任意将 S 中的两个元素相加,总能得到 S 中的元素. 因此,我们可以确定 r 是 S 中的元素.

r 小于 d 且 d 是 S 中的最小正数. 只能得出 $r = 0$. 终于,经过冗长的推导之后,我们得到了 d 整除 m. 同理,可得到 d 整除 n.

现在已经知道 d 是 m 与 n 的公因数. 但如何得知 d 是 m 与 n 的最大公因数? 假设正整数 c 同时整除 m 和 n, 即 $m = q_1 c$ 和 $n = q_2 c$. 由前述可知,因为 d 是 S 中的元素,存在整数 λ 与 μ 使得 $d = \lambda m + \mu n$, 将其代入后可得 $d = c(\lambda q_1 + \mu q_2)$. 换句话说, c 整除 d, 因此 c 不可能大于 d. 故 d 是 m 与 n 的最大公因数,并且 $d = \lambda m + \mu n$, 诚如前面所述. □

注:我们不会给出本书中许多定理的完整证明. 如果给出证明,如上所述,在证明的结尾处会加上正方形标记"□".

定理 1.1 中的结果之一称为算术基本定理和唯一素数分解. 请记住下面的基本定义:

定义: p 大于 1 是一个素数,是指除了 1 和 p 之外,没有其他的正因数.

定理 1.2 假设 n 是大于 1 的整数. 那么可以唯一地将 n 分解为素数的乘积:

$$n = p_1^{e_1} p_2^{e_2} \cdots p_k^{e_k}$$

式中 p_i 都是素数, $p_1 < p_2 < \cdots < p_k$ 且 $e_i > 0$.

定理表达得如此详细的原因是有多种方法可以将一个整数分解为素数

的乘积,例如, $12 = 2 \cdot 2 \cdot 3, 12 = 2 \cdot 3 \cdot 2$, 以及 $12 = 3 \cdot 2 \cdot 2$. 但是一旦我们将乘积公式中的素数依照升序排列,上述各种分解都是一样的.

2. 同余

假定 n 是大于 1 的整数. 我们用记号 $a \equiv b \pmod{n}$, 读作"a 与 b 关于模 n 同余",来表示 $n \mid (a - b)$. 整数 n 称为同余**模**. 同余是一种等价关系,它意味着对取定的 n:

(C1) $a \equiv a \pmod{n}$.

(C2) 如果 $a \equiv b \pmod{n}$, 那么 $b \equiv a \pmod{n}$.

(C3) 如果 $a \equiv b \pmod{n}, b \equiv c \pmod{n}$, 那么 $a \equiv c \pmod{n}$.

进一步,同余还可以自然地定义加法、减法和乘法:

(C4) 如果 $a \equiv b \pmod{n}, c \equiv d \pmod{n}$, 那么 $a + c \equiv b + d \pmod{n}$, $a - c \equiv b - d \pmod{n}$, 以及 $ac \equiv bd \pmod{n}$.

消去律则需要更强的条件:

(C5) 如果 $am \equiv bm \pmod{n}$ 且 $(m, n) = 1$, 那么 $a \equiv b \pmod{n}$.

当模是素数时,消去律变得更为简单,在这种情况下,(C5)变为:

(C6) 假设 p 是素数,如果 $am \equiv bm \pmod{p}$, 并且 $m \not\equiv 0 \pmod{p}$, 那么 $a \equiv b \pmod{p}$.

最后这个结果非常有用,我们将尽可能地在同余中使用素数模. 关于同余还有一个更有用的事实,使用定理 1.1 即可得到证明.

定理 1.3 设 p 是一个不整除某个整数 a 的素数,那么存在整数 μ 使得 $a\mu \equiv 1 \pmod{p}$.

证明 因为 $(a, p) = 1$, 所以可以找到整数 μ 和 ν 使得 $a\mu +$

$p\nu = 1$. 将方程改写为 $a\mu - 1 = p\nu$，可以得到 $p \mid (a\mu - 1)$. 换句话说，$a\mu \equiv 1 (\mathrm{mod}\ p)$.　　　　　　　　　　　　　　　　□

3. 威尔逊定理

上述这些想法可以得出一个引人注目的结果，即"威尔逊定理".

定理 1.4　假设 p 是一个素数，那么 $(p-1)! \equiv -1 (\mathrm{mod}\ p)$.

注意到即使素数 p 不是很大，上述结果也涉及相当大的数. 例如，当 $p = 31$ 时，威尔逊定理表明 $30! \equiv -1 (\mathrm{mod}\ 31)$，展开来就是

$$265252859812191058636308480000000 \equiv -1 (\mathrm{mod}\ 31),$$

或者等价地有 $265252859812191058636308480000001$ 是 31 的倍数.

证明　设 p 是一个素数，证明 $(p-1)! \equiv -1 (\mathrm{mod}\ p)$.

首先列出从 1 到 $p-1$ 的所有正整数：

$$1, 2, 3, \cdots, p-1$$

它们的乘积是 $(p-1)!$. 设 x 是其中的某个数. 在所列的数中是否存在某个数 y，使得 $xy \equiv 1 (\mathrm{mod}\ p)$？是的！

它正是定理 1.3 中所证明的结果. 我们可以从上面所列的数中选取一个与 μ 关于模 p 同余的数 y，其中 μ 是由定理 1.3 中所给出的整数.

将 y 称为 x 关于模 p 的逆数. 我们有理由称 y 是逆数，因为 y 是唯一的. 为什么？假设在所列的数中还有某个 y'，使得 $xy' \equiv 1 (\mathrm{mod}\ p)$. 那么 $xy \equiv xy' (\mathrm{mod}\ p)$. 乘以 y 可得 $yxy \equiv yxy' (\mathrm{mod}\ p)$. 但是 $yx \equiv 1 (\mathrm{mod}\ p)$，因此，有 $y \equiv y' (\mathrm{mod}\ p)$. 由于 y 和 y' 都在上面所列的数中，它们的差在 0 与 p 之间，不可能被 p 整除. 因此，不可能有另外的 x 的逆数存在；y 是唯一的.

现在将上面所列的数以配对形式收集，每一个数与它的逆数配对. 我们遇到的困难是有些数的逆数可能是它们自己！这种情况什么时候会发生呢？x 以它自己为逆数当且仅当 $x^2 \equiv 1 (\mathrm{mod}\ p)$. 等价地，$(x-1)(x+1) = x^2 - 1 \equiv 0 (\mathrm{mod}\ p)$. 换句话说，$p$ 一定整除 $(x-1)(x+1)$，因为 p 是素数，仅当

p 整除 $x-1$ 或 $x+1$ 才会出现[1]. 因此, 上面所列的数中逆数是自己的只能是 1 和 $p-1$.

现将所列的数重新排列为[2]

$$1, p-1, a_1, b_1, a_2, b_2, \cdots, a_t, b_t$$

其中对每个 i 有 $a_i b_i \equiv 1 (\bmod p)$. 将它们依次乘以模 p, 可得它们的积 $\equiv p - 1 (\bmod p)$. 换句话说, $(p-1)! \equiv -1 (\bmod p)$. □

4. 二次剩余与非剩余

我们从一些术语开始:

定义 若 p 是不等于 2 的素数. p 不整除整数 a 并且存在某个整数 b 有 $a \equiv b^2 (\bmod p)$, 那么 a 是模 p 的二次剩余. 如果 p 不整除整数 a 并且对任意整数 b 有 $a \not\equiv b^2 (\bmod p)$, 那么 a 是模 p 的二次非剩余.

通常, 上述术语可简称为"剩余"和"非剩余", 术语中的"二次"与"模"是易于理解的. 事实上, 在本节的剩下部分, 我们将常常在同余中略去"$(\bmod p)$"以节省篇幅.

当选择某个素数 p 后, 通过列出 1 到 $p-1$ 的整数然后平方, 可得到出模 p 的剩余列表. 但实际上我们只需做一半的工作即可, 因为 $k^2 \equiv (p-k)^2 (\bmod p)$, 因此要做的是只需将 1 到 $(p-1)/2$ 的整数平方. 例如, 模 31 的剩余是

---

[1] 这里使用了唯一分解: 如果 p 的素数分解式为 $(x-1)(x+1)$, 它一定在分解式 $x-1$ 或者 $x+1$ (或者两者都有)中. 若不然, 如果 $(x-1)(x+1) \equiv 0 (\bmod p)$, 并且假定 $x-1 \not\equiv 0 (\bmod p)$, 那么由(C6)知, $x+1 \equiv 0 (\bmod p)$.

[2] 如果 $p=2$, 所列数中包含单个元素 1, 因为 $1 = p-1$.

$$1,4,9,16,25,5,18,2,19,7,28,20,14,10,8$$

通过将 1 到 15 的整数平方,然后将得到的数除以 31 并计算余数,即可得到上面所列数表. 而非剩余是那些介于 1 到 31 之间且不在所列数表中的数.

模 31 有 15 个剩余,一般情况下,模 p 有 $(p-1)/2$ 个剩余. 也许你会担心,我们将向你表明为什么我们所列的数不可能有重复:如果 $a_1^2 \equiv a_2^2 (\bmod p)$,那么 p 整除 $a_1^2 - a_2^2$,因此 p 整除乘积 $(a_1 - a_2)(a_1 + a_2)$. 唯一素数分解告诉我们 p 整除 $a_1 - a_2$ 或者 p 整除 $a_1 + a_2$,因且有 $a_1 \equiv a_2 (\bmod p)$ 或者 $a_1 \equiv -a_2 (\bmod p)$. 如果只是从 1 到 $(p-1)/2$ 平方,则第二种情况会被排除.

易知,如果将两个剩余相乘将会得到另一个剩余:假设 a_1 与 a_2 是两个剩余,那么 $a_1 \equiv b_1^2, a_2 \equiv b_2^2$ 且 $a_1 a_2 \equiv (b_1 b_2)^2$. 最后一个等式对通常的整数的平方一样成立,即 $(3^2)(5^2) = 15^2$.

如果一个剩余与非剩余相乘,必得一个非剩余. 为什么? 若 a 是一个剩余并且满足 $a \equiv b^2$,令 c 是一个非剩余. 假设 ac 是一个剩余. 那么 $ac \equiv d^2$. 根据假设,a 不是 p 的倍数,因此 b 也不是 p 的倍数. 使用定理 1.3 找到 μ,使得 $\mu b \equiv 1$,又根据 $\mu^2 a \equiv 1$,用 μ^2 乘以同余 $ac \equiv d^2$,得到 $\mu^2 ac \equiv \mu^2 d^2$. 但 $\mu^2 a \equiv 1$,因此可得 $c \equiv \mu^2 d^2$. 这表明 c 是一个剩余,与我们的假设 c 是一个非剩余矛盾. 顺便提醒,对通常的整数的平方结论也成立:平方数×非平方数=非平方数.

现在知道剩余×剩余=剩余,剩余×非剩余=非剩余. 这里还有另一种情况需要考虑,并且它可能是与我们的直觉相反的情况:非剩余×非剩余=剩余. 为什么会出现这种情况? 事实的关键是,从 1 到 $p-1$ 的整数中剩余与非剩余各占一半.

假定 c 是一个特定的非剩余. 将整数 1 到 $p-1$ 乘以 c,可得到 $p-1$ 个不同的结果,由于 $(c,p)=1$,所以一定得到与 1 到 $p-1$ 的具有不同顺序的数. 每次用 c 乘以剩余,结果都是非剩余. 这样会抵消从 1 到 $p-1$ 中的一半. 因此,每次用 c 乘以非剩余,只能保持有 $(p-1)/2$ 种可能,并且它们都是剩余!

我们可以用一个例子来检验:请注意在模 31 的剩余列表中不包括 23 或 12. 由此可知, $23 \cdot 12$ 必定是剩余. 事实上 $23 \cdot 12 \equiv 28 \pmod{31}$, 并且 28 在所列的剩余中.

5. 勒让德符号

假设 a 是一个不被 p 整除的整数, 如果 a 是模 p 的二次剩余, 定义 $\left(\dfrac{a}{p}\right)$ 为 1; 反之, 则为 -1. 称 $\left(\dfrac{a}{p}\right)$ 为**二次剩余符号**或者**勒让德符号**. 我们在阿什和格罗斯的著作 (2006, 第 7 章) 中研究过这个符号, 并且你可以从任何一本初等数论的教科书中学习它. 我们仅证明二次剩余符号具有的完美的乘法性质:

定理 1.5 如果 a 和 b 是两个不被 p 整除的数, 那么 $\left(\dfrac{a}{p}\right)\left(\dfrac{b}{p}\right) = \left(\dfrac{ab}{p}\right)$.

换句话说, 两个二次剩余或者两个二次非剩余的乘积是二次剩余, 同时一个二次剩余与二次非剩余的乘积是二次非剩余, 而这正是我们已经得到的结果.

利用上述结果很容易计算 $\left(\dfrac{-1}{p}\right)$. 它与如何将 p 在高斯整环 $\mathbf{Z}[i] = \{a + ib \mid a, b \in \mathbf{Z}\}$ 中分解密切相关, 但我们不准备在本书中做进一步的讨论. 下面是答案:

定理 1.6 $\left(\dfrac{-1}{p}\right) = \begin{cases} 1 & p \equiv 1 \pmod{4} \\ -1 & p \equiv 3 \pmod{4}. \end{cases}$

证明 我们将证明以下两个论断:

- 如果 $\left(\dfrac{-1}{p}\right) = 1$, 那么 $p \equiv 1 \pmod{4}$.

- 如果 $p \equiv 1 \pmod{4}$, 那么 $\left(\dfrac{-1}{p}\right) = 1$.

短暂的思考表明这两个论断与定理是等价的. 在这两种情况下,证明均依赖于 $p \equiv 1 (\bmod 4)$,即整数 $\dfrac{p-1}{2}$ 是偶数[1].

首先假定 $\left(\dfrac{-1}{p}\right) = 1$,换句话说,$-1$ 是剩余. 因为剩余×剩余＝剩余,如果取剩余集合并将每个剩余乘以 -1,所得的仍然是剩余集合(以其他顺序).

让我们从 1 到 $\dfrac{p-1}{2}$ 之间的剩余开始. 当这些剩余乘以-1 时,结果总是在 $\dfrac{p+1}{2}$ 和 $p-1$ 之间,并且所得结果还是剩余;反之,如果取 $\dfrac{p+1}{2}$ 和 $p-1$ 之间的剩余并乘以 -1,将得到 1 到 $\dfrac{p-1}{2}$ 之间的剩余.

这些事实表明,剩余的个数是**偶数**,即它们之中的一半在 1 到 $\dfrac{p-1}{2}$ 之间,而另一半在 $\dfrac{p+1}{2}$ 和 $p-1$ 之间. 但在 1 到 $p-1$ 之间有一半的剩余与非剩余,因此,剩余的个数是 $\dfrac{p+1}{2}$. 故表明 $\dfrac{p-1}{2}$ 是偶数,$p \equiv 1 (\bmod 4)$.

假定替换为 $p \equiv 1 (\bmod 4)$. 我们想说明 -1 是剩余. 为了说明数 a 是一个剩余,只需要找到 $b \not\equiv 0$ 满足 $a \equiv b^2 (\bmod p)$ 就足够了,因此,需要找到某个数 b 满足 $b^2 \equiv -1 (\bmod p)$.

根据威尔逊定理(定理 1.4)可知,$(p-1)! \equiv -1 (\bmod p)$. 现在我们想说明 $(p-1)! \equiv \left[\left(\dfrac{p-1}{2}\right)!\right]^2 (\bmod p)$,圆括号内的部分十分复杂,因此需要一个数字作为例子:如果 $p = 29$,那么可以肯定的是 $28! \equiv (14!)^2 (\bmod 29)$. 也就是说,$304\,888\,344\,611\,713\,860\,501\,504\,000\,000 \equiv (87\,178\,291\,200)^2 (\bmod 29)$,它可以通过计算机程序或者十分昂贵的便携式计算器进行验算.

---

[1] 为什么? 如果 $p \equiv 1 (\bmod 4)$,那么 $p = 4k+1$,因此有 $\dfrac{p-1}{2} = 2k$ 是偶数;反之,如果 $\dfrac{p-1}{2}$ 是偶数,那么 $\dfrac{p-1}{2} = 2k$,因此有 $p = 4k+1$.

取 $(p-1)!$,并将其展开为:$(p-1)! = 1 \cdot 2 \cdots (p-2)(p-1)$. 对其重新组合,用第一项乘以最后一项,第二项乘以倒数第二项,以此类推:

$$(p-1)! = [1 \cdot (p-1)][2 \cdot (p-2)][3 \cdot (p-3)] \cdots \left[\frac{p-1}{2} \cdot \frac{p+1}{2}\right]$$

注意到每个配对中的第二项和 -1 与第一项的乘积同余:$p-1 \equiv -1 \cdot 1 \pmod{p}$,$p-2 \equiv -1 \cdot 2 \pmod{p}$,以此类推. 因此上式可改写为[1]:

$$(p-1)! \equiv [1 \cdot 1](-1)[2 \cdot 2](-1)[3 \cdot 3](-1) \cdots \times$$
$$\left[\frac{p-1}{2} \cdot \frac{p-1}{2}\right](-1) \pmod{p}$$

因子 -1 共出现了多少次?答案是 $\frac{p-1}{2}$. 在假设 $p \equiv 1 \pmod{4}$ 的条件下,它是一个偶数,所有的 -1 因子相乘是 1,因此可以略去它们:

$$(p-1)! \equiv [1 \cdot 1][2 \cdot 2][3 \cdot 3] \cdots \left[\frac{p-1}{2} \cdot \frac{p-1}{2}\right] \pmod{p}$$

现在,可将上式再次改写为:

$$(p-1)! \equiv \left[\left(\frac{p-1}{2}\right)!\right]^2 \pmod{p}$$

因此,我们不仅知道 -1 是剩余,甚至得到了一个求解 $b^2 \equiv -1$ 的数. 回到数字例子,取 $p = 29$,正好表明 $(14!)^2 \equiv -1 \pmod{29}$. 同样,这个结果可以用计算机检验. $\square$

---

[1] 此处原文为 $(p-1)$,译者改为 $(p-1)!$.

第 2 章　两个平方数的和

1. 答案

你可以让喜欢数字游戏的人感到惊讶,让她选择一个素数,然后立即告诉她,这个数是否可以表示成两个平方数的和.(在导言中的第二部分,已精确定义了"平方数的和".)例如,假设她选择 97,你立刻说出 97 是两个平方数的和.然后她可以通过在下面所列的平方数中选两个数相加进行实验(允许所选的两个数相同)

$$0,1,4,9,16,25,36,49,64,81$$

结果她发现 97 等于 16 加 81.如果她选 79,你立刻说出 79 不可能是两个平方数的和,实验表明,事实上你是正确的.你是怎样来玩这个游戏的?

定理 2.1　一个奇素数能够表示成两个数的平方和当且仅当它除以 4 的余数是 1.

我们将在本章的后面讨论定理的证明.但即使只知道这一点,你都能自己玩这个游戏.无论对多么大的素数还是很小的素数,答案都是一样的容易,因为以 10 为基数的数字除以 4 的余数仅依赖于该数字的最后两位.(**证明**:取数字 $n = ab\cdots stu$,这里 $a,b,\cdots,s,t,u$ 都是 10 进制位数.那么有 $n = 100(ab\cdots) + tu$,因此,$n = 4(25)(ab\cdots) + tu$,即将 n 除以 4 所得的余数与将 tu 除以 4 所得的余数相同.)然而,除非你能力非凡,你不可能瞥一眼就知道一个很大的数是不是素数.

如今可以用计算机或互联网帮助我们.例如,在互联网上检索数秒即可得知 16 561 是素数. 因为 61 除以 4 的余数是 1, 所以 16 561 也是这样的. 因此, 根据定理 2.1 知, 16 561 是两个平方数的和. 如果想找到两个平方数加起来为 16 561, 我们就不得不像在导言中所描述的那样运行计算机程序. 通过运行程序你会发现 16 561 等于 $100^2 + 81^2$.

顺便说一句, 如果计算机程序能够分析所有可能的情况, 我们就会知道只有**唯一**的一种方法把 16 561 写成两个平方数的和 (除开平凡的交换形式: $16\,561 = 81^2 + 100^2$). 费马已经知道如果一个素数是两个平方数的和, 那么表示它的方式只有一种 (除开平凡的交换). 他也知道定理 2.1, 也许他已经证明了这件事, 但首先发表证明的应归功于欧拉.

关于非素数 n 的情况又是怎样的呢? 什么时候 n 是两个平方数的和? 这个问题给了我们一个如何将一个问题变得更简单或者更基本的例子. 单纯地盯着这个问题是没用的. 我们使用下面的公式作为开始:

$$(x^2 + y^2)(z^2 + w^2) = (xz - yw)^2 + (xw + yz)^2 \qquad (2.2)$$

无论你选择何种数字代替变量 x, y, z 和 w, 式 (2.2) 都成立. 你可以将两边展开并做一些代数运算来进行验证.

注记: 这个公式源自哪里? 当写下这个公式后, 你能很容易地将两边展开并且明白等式成立. 但起初人们是怎样发现这个公式的?

一种可能是做代数时发现的. 另一种可能是实验: 多次将两个平方数的和相乘后发现它们的乘积在某种方式上也是另外两个平方数的和.

第三种可能是对复数的使用. 它们不是阅读本书这一部分的前提条件, 但是如果你正好知道这些事实, 就能导出这个公式. 取两个复数相乘的乘积公式: $(x + iy)(z + iw) = (xz - yw) + i(xw + yz)$, 在公式两边取模并注意到对任意复数 a 和 b 都有 $|ab| = |a||b|$ 成立的事实, 就可导出这个公式.

注意到复数域是"实数域上的二维空间". 这意味着每个复数都是由两个独立的实数构成的, 因此 $2 + 3i$ 是由 2 和 3 构成的. 譬如, "二"维与所研究问题中的"二"一样: 两个平方数的和. 当我们试图去研究 3 个平方数的和时, 对照在下一章中将发生的情形, 强大的复数可以用来研究两个平方数的和并不是巧合.

式 (2.2) 表明, 如果 A 和 B 分别是两个平方数的和, 那么它们的乘积 AB 也是. 它甚至能告诉我们如何寻找两个平方数的和是 AB, 只要分别知道 A 和 B. 例如, 已经知道 $97 = 4^2 + 9^2$, 同时很容易看出 $101 = 1^2 + 10^2$. 因此可以推断 $97 \cdot 101 = (4 \cdot 1 - 9 \cdot 10)^2 + (4 \cdot 10 + 9 \cdot 1)^2$. **检验**: $86^2 = 7\,396$, $49^2 = 2\,401$, 并且 $7\,396 + 2\,401 = 9\,797$. 我们已经成功地把一些明显的小数的结论扩展到令人惊讶的大数.

定理告诉我们, 一个奇素数是两个平方数的和当且仅当它除以 4 余数是 1. 让我们临时命名两类奇素数. 如果一个素数除以 4 余数为 1, 就把它称为 "类型 Ⅰ 素数". 如果一个素数除以 4 余数为 3, 就把它称为 "类型 Ⅲ 素数". (这个术语不是标准的, 并且本章之后将不再使用.) 同时也要注意到 2 是两个平方数的和: $1 + 1$. 同样, 任意一个平方数 s 自身也是两个平方数的和: $0 + s$.

现在给定一个正整数 n, 将其分解为素数的乘积,

$$n = 2^a 3^b 5^c \cdots p^t$$

这里的指数 $a, b, c, \cdots, t$ 都是非负整数, 也有可能是 0.

整数 2 的每个因子都是两个平方数之和. n 的因子分解中任何类型 Ⅰ 素数也是两个平方数之和. 假设 n 的因子分解中任意类型 Ⅲ 素数具有偶指数. 那么 n 也是两个平方数的和.

为什么这个断言是正确的? 可以用例子作最简单的解释. 假设

$$n = 2 \cdot 3^4 \cdot 5^3$$

我们能将其写成

$$n = 2 \cdot 9 \cdot 9 \cdot 5 \cdot 5 \cdot 5$$

现在 2 和 9 每个都是两个平方数之和 ($2 = 1^2 + 1^2$ 和 $9 = 3^2 + 0^2$), 因此由公式知, 它们的乘积 $2 \cdot 9$ 也是. 因为 $2 \cdot 9$ 和 9 都是两个平方数之和, 再一次使用公式, 乘积 $2 \cdot 9 \cdot 9$ 也是两个平方数之和.

可以轻松地继续进行推导. 因为 5 是两个平方数的和, 就可以推断 2 · 9 · 9 · 5 也是两个平方数的和. 然后可以推断出 2 · 9 · 9 · 5 · 5 也是两个平方数的和, 最后可得 2 · 9 · 9 · 5 · 5 · 5 是两个平方数的和. 显然, 你必须一步步地推下去. 可以用"数学归纳法"——参见第 5 章所述的如何在证明中使用归纳法来自动处理. (顺便说一句, 你可能需要跟踪这个示例. n 是 20250. 运用你的程序找到一种方法将 20250 写成两个平方数的和. 或者, 更辛苦地、重复使用公式输入 $2 = 1^2 + 1^2$, $9 = 0^2 + 3^2$ 和 $5 = 1^2 + 2^2$, 找到如何将 20 250 写成两个平方数的和.)

现在我们来陈述一个定理: 一个正整数是两个平方数的和, 如果其分解式中任意类型 Ⅲ 素数具有偶指数. 请注意类型 Ⅲ 素数(事实上, 任意整数)具有偶指数是一个平方数: $a^{2k} = (a^k)^2$.

这只是暂时性的, 因为我们想做的是"当且仅当"的陈述. 这个结论当真是"当且仅当"吗? 另一方面, 在定理 2.1 中, 关键的是除以 4 所得的余数. 我们可能一般认为是正确的——只要除以 4 剩下的余数为 1, 那么一定是两个平方数的和, 即使类型 Ⅲ 素数带有奇指数.

可以用试验验证一下. 数 $21 = 3 · 7$ 是两个类型 Ⅲ 素数的乘积, 每个都具有奇指数. 但是 21 除以 4 后剩下的余数是 1. 也许 21 是两个平方数的和? 唉, 反复试验表明 21 不是两个平方数的和, 尽管除以 4 后剩下的余数是 1. 当做了更多的实验之后, 我们可能猜测"当且仅当"是正确的. 事实上, 我们可以说:

定理 2.3 一个正整数 n 是两个平方数的和, 当且仅当 n 的素数分解式中的类型 Ⅲ 素数具有偶指数.

我们将在本章的剩下部分讨论定理 2.1 和定理 2.3 的证明.

2. 证明不在布丁里

"布丁"是指实践经验. 就本例而言, 它意味着编写计算机程序或手工计算. 列出所有的数, 它们的素数分解并且判断它们是不是两个平方数的和. 我们可能要做数亿次实验然后才能确信定理 2.1 和定理 2.3 是正确的. 数学家对这样的实验充满兴趣并且通常会这样做.但是他们不会接受将实验作为确定的结果.

在数论中有一些经过数亿次实验验证是正确的但结果却被证明是错误的著名的例子.最著名的问题之一是在类型 I 与类型 III 素数之间的"竞赛".取一个数 n,计算小于 n 的类型 I 素数与小于 n 的类型 III 素数的个数.如果 n 小于 10 亿.通常总是类型 III 素数更多,但最终类型 I 素数会暂时领先.这些漂亮的结果以及许多相对一些"小"的数是正确的例子并非总是正确的(Guy,1988).

这就是为什么需要证明定理 2.1 和定理 2.3.证明的细节相当复杂.我们首先讨论证明中最有趣的部分而把剩余部分的细节留到第 4 节.

首先,让我们先证明定理 2.1 和定理 2.3 中的"当且"部分.换句话说,需要证明:

若 n 是一个正整数并且在其素数分解式中至少有一个类型 III 素数具有奇指数,那么 n 不是两个平方数的和.

例如,如果 n 自身就是一个奇素数,这个假设表明 n 是类型 III 素数.这个陈述将归结为定理 2.1 的"只有"的部分.

这里不给出整个结论的完整证明,而是通过证明如下结果来演示证明的主要思想:

(1)n 是两个平方数的和

并且

(2)如果 q 是整除 n 的类型 III 素数

那么

(3)n 的素数分解式中 q 的指数必定至少是 2.

换句话说,q^2 整除 n.

证明所用的思想进一步表明,可以通过将 n 替换为 $\dfrac{n}{q^2}$ 并使用数学归纳法证明 n 的素数分解式中 q 的指数是偶数.

假设(1)和(2)成立.那么存在整数 a 和 b 使其具有性质 $n = a^2 + b^2 \equiv 0 \pmod{q}$.如果 q 既整除 a 也整除 b,那么 q^2 也同时整除 a^2 和 b^2,进而 q^2 整除它们的和 n.在这种情况下,(3)是正确的.因此我们将表明 q 同时整除 a

和 b. 等价地,假设 q 不整除 a 或 b 中任意一个会导出矛盾. (这是证明中的"反证法与归谬法".)

两个数中,谁是 a 或 b 并不重要,我们还假定 q 不整除 b,这意味着 q 和 b 互素. 定理 1.3 的应用之一提供了一个整数 λ,满足 $\lambda b \equiv 1(\bmod q)$. 将该同余自身相乘,就导出如下暂时的结果

$$\lambda^2 b^2 \equiv 1(\bmod q) \tag{2.4}$$

用 λ^2 乘以 $a^2 + b^2 \equiv 0(\bmod q)$ 并利用式(2.2). 在同样假设 $q \nmid b$ 的条件下,我们推出另一个事实,即

$$\lambda^2 a^2 + 1 \equiv 0(\bmod q)$$

现在 λa 是某个整数,为了表达明确,记 $\lambda a = c$.

总结目前为止我们所做的工作,如果假定(1)和(2)成立,那么存在整数 c,具有性质 $c^2 \equiv -1(\bmod q)$. 但定理 1.6 告诉我们,$q \equiv 1(\bmod 4)$;也就是说,q 是类型 I 素数,不是类型 III 素数. 这与我们在(2)中的假设矛盾,由此完成了我们的证明.

这些论断相当复杂并难以理解. 更具抽象性的证明方法涉及一点群论的知识,并且在第三部分之前,我们不想呈现任何关于群论的知识.

3. 定理 2.1 和定理 2.3 中的"如果"部分

在本章的第 1 节我们已经看到了定理 2.1 的"如果"部分暗示了定理 2.3 的"如果"部分. 所以只需担心把一个类型 I 素数写成两个平方数的和.

假设 p 是类型 I 素数. 该如何证明 p 是两个平方数之和? 我们从前面的工作中得到线索,注意到如果 $a^2 + b^2 = p$,那么 $a^2 + b^2 \equiv 0(\bmod p)$,数 λ 如前所述,将导出 -1 是模 p 的二次剩余. 我们首要的工作是将其反转. 由定理 1.6 可知,如果 p 是一个除以 4 余数是 1 的正素数,那么存在一个整数 c 且具有性质 $c^2 \equiv -1(\bmod p)$.

当然,证明还没有完成. 到目前为止我们所做的是,如果 p 是类型 I 素数,那么存在整数 c,满足 $c^2 \equiv -1(\bmod p)$. 让我们从这里把剩下的证明部分

完成.

首先,同余意味着存在某个正整数 d,满足 $c^2 + 1^2 = pd$,因此,至少 p 的某个倍数是两个平方数的和. 欧拉通过"下降"来证明:取 dp 是两个平方数的和,并且 $d > 1$,通过代数运算,就知道存在一个更小的正数 d' 满足 $d'p$ 也是两个平方数的和. 一直计算到将 d 减小到 1 为止. 我们将在下一节解释这一点.

4. 细节部分

本节的证明是普通的. 我们阐述达文波特(Davenport,2008)的证明,并强烈推荐将它选入初等数论的入门教科书中.

已知　存在正整数 c 和 d 满足 $c^2 + 1 = pd$.

求证　存在正整数 a 和 b 满足 $a^2 + b^2 = p$.

证明　首先,注意到假设对任意整数 k,设 $C = c - kp$,那么 $C \equiv c(\mathrm{mod}\ p)$,因此

$$C^2 + 1 \equiv c^2 + 1 \equiv 0(\mathrm{mod}\ p)$$

选择适当的 k,使得 $|C| < \dfrac{p}{2}$. (这就是所谓的"c 除以 p 与求余数 C",除非允许 C 是负数.)如果 C 是负数,我们就用绝对值代替,因为所有我们关心的是 $c^2 + 1 \equiv 0(\mathrm{mod}\ p)$. 因此,可从所给出的结论中得出:

存在正整数 C 和 d 满足 $C < \dfrac{p}{2}$ 以及 $C^2 + 1^2 = pd$.

既然这样,我们明白 d 不可能太大. 事实上, $pd = C^2 + 1 < \left(\dfrac{p}{2}\right)^2 + 1 = \dfrac{p^2}{4} + 1$,这意味着 $d < p$. 注意到如果 $d = 1$,我们的证明就已完成:把 p 写成两个平方数的和. 因此假定 $d > 1$,下面继续我们的证明:

存在正整数 x, y 和 d,满足

$$1 < d < p \text{ 和 } x^2 + y^2 = pd \tag{2.5}$$

我们将证明式(2.5),即存在正整数 X,Y 和 D 满足 $D < d$ 以及 $X^2 + Y^2 = pD$. 当我们成功地做到这一点时,继续重复,直到新的 D 已被强迫变成 $D = 1$. 这样就证明了"求证"是正确的.

这里的技巧是作模 d 的同余. 由式(2.5)可知, $x^2 + y^2 \equiv 0 \pmod{d}$. 有趣的是 d 和 p 在我们的推理中是如何变换的. 如果把 x 替换为与 $x \pmod{d}$ 同余的 u, y 替换成任何与 $y \pmod{d}$ 同余的 v, 这个同余关系仍然成立. 我们可以选取 u 和 v 满足 $0 \leqslant u, v \leqslant \dfrac{d}{2}$. (比较先前所做的 c 和 C.)请注意 u 和 v 不可能同时为 0, 这就意味着 d 同时整除 x 和 y, 或 d^2 整除 $x^2 + y^2 = pd$, 这是不可能的,因为 p 是素数且 $d < p$.

对某个正整数 e, 有 $u^2 + v^2 = ed$ 且 $u, v \leqslant \dfrac{d}{2}$. e 能有多大呢? 由于 $ed = u^2 + v^2 \leqslant \left(\dfrac{d}{2}\right)^2 + \left(\dfrac{d}{2}\right)^2 = \dfrac{d^2}{2}$, 因此, $e \leqslant \dfrac{d}{2}$. 特别地, $e < d$. 结果 e 是我们的新 D.

现在使用式(2.2).已经知道 $x^2 + y^2 = pd$ 且 $u^2 + v^2 = ed$. 相乘后,得到

$$A^2 + B^2 = (x^2 + y^2)(u^2 + v^2) = ped^2,$$

这里 $A = xu + yv$ 和 $B = xv - yu$, 但看看 A 和 $B \pmod{p}$, 有 $A = xu + yv \equiv xx + yy = x^2 + y^2 = pd \equiv 0 \pmod{d}$ 和 $B = xv - yu \equiv xy - yx = 0 \pmod{d}$. 这是很好的结果,因为这意味着可以通过 d^2 来划分最后出现的等式,即

$$\left(\dfrac{A}{d}\right)^2 + \left(\dfrac{B}{d}\right)^2 = pe.$$

我们已经完成了证明,因为只需取 $X = \dfrac{A}{d}, Y = \dfrac{B}{d}$ 和 $D = e$ 即可.　　□

这是一个非常简洁的证明.你可以看到它巧妙地利用了乘积 $(x^2 + y^2)(z^2 + w^2)$ 的恒等式.在这个乘积中确切地只有两项,每一项都是两个平方数的和,并且平方数是一个二次幂的数.所做的一切工作都是 2 的重复.例如,如果你试图用三个平方数或两个立方数的和来做这件事,那就不行了,至少不是这样的简单.下一章我们在三个平方数上做一些探究.处理两个立方数的技巧非常不同,已超出了本书讲解的范围.

第3章 三个和四个平方数的和

1. 三个平方数

回答什么数是三个平方数的和的问题要困难得多.

定理 3.1 一个正整数 n 是三个平方数的和当且仅当 n 不能表示为 $8k+7$ 与 4 的 r 次幂的乘积(r 为非负数).

容易知道形如 $8k+7$ 的数不能写成三个平方数的和. 如果 $n=8k+7$, 那么 $n \equiv 7\,(\mathrm{mod}\ 8)$. 但是简单的平方运算表明任意一个整数的平方同余于 0, 1 或 $4\,(\mathrm{mod}\ 8)$, 因此三个平方数加起来不可能有 $7\,(\mathrm{mod}\ 8)$, 也就不可能加起来是 n. 要全部证明定理十分困难, 并且在达文波特(Davenport, 2008)、哈代与莱特(Hardy & Wright, 2008)所写的初等教科书中也未提及.

为什么三个平方数的问题比两个或四个平方数更困难? 一种回答是两个平方数的和的乘积自身也是两个平方数的和, 正如在式(2.1)所见到的一样. 对于四个平方数的和, 还有另一个类似的公式, 我们将在本章后面给出. 这里没有相似的三个平方数的公式. 事实上, $3 = 1^2 + 1^2 + 1^2$ 以及 $5 = 0^2 + 1^2 + 2^2$ 都是三个数的平方和, 但它们的乘积 $15 = 8 \cdot 1 + 7$ 却不是.

不过, 你可能会问, 为什么没有类似的公式? 事实上, 一个复杂的定理表明这样的公式只能在两个、四个和八个平方整数之和中存在.

稍后, 当讨论"对一般的 b, 有多少种不同的方法将 n 写成 b 个平方数之和"时, b 是偶数和 b 是奇数的差异将是非常显著的. b 为奇数的情况将再次变得非常复杂, 因此只稍稍提及它而不做任何进一步的展开. 我们将分析偶数和奇数平方之间的差异的原因, 但这里似乎没有任何简易的初等解释.

2. 插曲

在继续讨论四个平方数之前,先做一些注记. 首先,注意到 $8k + 7$ 不是三个平方数的和而是四个平方数的和. 通过 $1 + 1 + 1 + 4$ 我们得到 $7 \pmod 8$. 这是一个暗示,即任意一个整数可能正好是一个四个平方数的和. 事实上,的确如此:

定理 3.2 任意一个正整数都是四个平方数的和.

其次,我们有公式:

$$
\begin{aligned}
& (a^2 + b^2 + c^2 + d^2)(A^2 + B^2 + C^2 + D^2) \\
& = (aA + bB + cC + dD)^2 + (aB - bA + cD - dC)^2 + \\
& (aC - cA + dB - bD)^2 + (aD - dA + bC - cB)^2.
\end{aligned}
\tag{3.3}
$$

你可以用暴力来验证式(3.3):只需把两边相乘并展开. 如果你知道四元数,那么你可以看到这个公式表示的含义,即一个四元数乘积的范数是范数的乘积. 根据式(3.3),为了证明定理,我们仅需要表明每个素数是四个平方数的和.

3. 四个平方数

现在讨论由拉格朗日最先发现的四个平方数定理的证明. 归因于式(3.3),如果能表明任何一个素数 p 是四个平方数的和就足够了. 因此假设 p 是素数.

如果 p 是 2,结论成立,因为 $2 = 0^2 + 0^2 + 1^2 + 1^2$. 现在假设 p 是奇数. 如果 p 除以 4 的余数是 1 时,也能证明,因为 p 是两个平方数的和,加上 $0^2 + 0^2$ 后正好是四个平方数的和.

现在假设 p 除以 4 的余数为 3,我们试图将其变得巧妙一些. 试着从 p 中减去一个具有如下性质的小素数 q:

（1）q 除以 4 后的余数为 1，因此它是两个平方数的和；并且

（2）$p-q$ 也是两个平方数的和（根据第 2 章，意味着在 $p-q$ 的素数分解式中类型Ⅲ素数因子具有偶指数）.

更一般地，可以把 q 看作任意两个平方数的和.

哇，那太妙了. 从一个数中减去另一个数通常不会让你以任何简单的方式得出不同的素数因子.

再试一次. 仍然假设 p 是一个除以 4 余数为 3 的奇素数. 为了知道该做什么，假设 p 是四个平方数的和，即 $p=a^2+b^2+c^2+d^2$. 显然，并非所有的 a，b，c 和 d 都可以为 0.（就这一次而言，"显然"是显而易见的. ）但它们都小于 p 也同样明显. 因此假设 a 是一个严格在 0 和 p 之间的数. 那么 a 模 p 后有逆数 w. 用 w^2 乘以同余 $0 \equiv a^2+b^2+c^2+d^2 (\bmod\ p)$，正如在第 2 章所做的那样，然后再在两边减去 -1，我们得到如果 p 是四个平方数的和，那么 -1 就是三个平方数模 p 后的和.

两个平方数的经验告诉我们，-1 模 p 后为一个平方数的和是一个良好的开始. 这里同样如此，因为 -1 是三个平方数 $(\bmod\ p)$ 的和，也是 p 是四个平方数的和的必要条件，我们可以试着先证明这个结果，然后用递减的方式来完成证明.

引理 3.4　如果 p 是一个除以 4 余数为 3 的奇素数，那么 -1 是三个平方数 $(\bmod\ p)$ 的和.

证明　事实上，我们能够表明 -1 是两个平方数 $(\bmod\ p)$ 的和. 由前述可知，1 是一个平方数（也就是说，二次剩余）并且 $p-1$（即 -1）是一个非剩余 $(\bmod\ p)$. 因此，如果从 1 开始计算，向上一定有整数 n 是一个二次剩余和 $n+1$ 是二次非剩余. 因而有 $n \equiv x^2 (\bmod\ p)$ 且 x^2+1 是一个非剩余.

在第 1 章第 4 节已经知道非剩余×非剩余＝剩余. 因此，$(-1)(x^2+1)$ 是剩余. 即 $-(x^2+1) \equiv y^2 (\bmod\ p)$，进一步可得 $-1 \equiv x^2+y^2 (\bmod\ p)$.

□

使用引理 3.4，对整数 a，b，c 和 d（这里 $d=1$），有 $-1 \equiv a^2+b^2+c^2 (\bmod$

p），因此有 $0 \equiv a^2 + b^2 + c^2 + d^2 \pmod{p}$. 由此可知，存在 $m > 0$ 使得 $a^2 + b^2 + c^2 + d^2 = pm$. 选取 a,b,c 和介于 $-\dfrac{p}{2}$ 和 $\dfrac{p}{2}$ 之间的 d，就能确保 m 小于 p.

我们可以像在第 2 章所做的构造递减一样的情形，但代数运算方面可能更复杂一些. 也就是说，从等式 $a^2 + b^2 + c^2 + d^2 = pm$，可以导出一个新的等式给出 pM 为四个平方数的和，同时 M 严格小于 m. 其关键思想与在第 2 章第 4 节中的做法类似，只不过现在使用式（3.3），再除以 m^2.

4. 多于四个平方数的和

考虑超过四个平方数的和可能是不明智的. 对任意正整数 n，如果 n 是四个平方数的和，那么它也是 24 个平方数的和——只需要在末尾添加 0^2. 但在这里我们仍然要问一个十分有趣的问题，它也适用于两个、三个或四个平方数的和，即

给定正整数 k 和 n，有多少种不同的方式可以把 n 表示成 k 个平方数的和？

在第 10 章第 2 节中，我们将详细地解释不同的方式该如何计算，以及如何将这个问题引导到生成函数和模形式的理论中去.

第4章 高次幂的和:华林问题

1. $g(k)$ 和 $G(k)$

我们刚刚看到,每个正整数是四个平方数的和,这里把 0 作为平方数. 很多更一般的结果立刻自然呈现出来. 在这些结果中,最有趣的是由爱德华·华林在 1770 年得出的任意一个整数是 4 个平方数,或者 9 个立方数,或 19 个 4 次方数(4 次幂)的和. 华林所述中最有趣的部分是"依次类推":这意味着在选择一个正整数 k 之后,你可以找到某个整数 N,使得任意正整数是 N 个非负 k 次幂的和. 华林似乎不太可能在头脑中有此结论的详细证明,希尔伯特在 1909 年首先给出并发表了他的证明.

习惯上用记号 $g(k)$ 来表示满足任意正整数是 N 个非负 k 次幂的和的最小的整数 N. (为了避免不必要的重复,在本章的剩余部分,一旦我们用 k 次幂,均指非负 k 次幂.)在这种表达方式下,与等式 $g(2)=4$ 表示的意思一致的是:

- 任意一个整数都是四个平方数的和.
- 这些整数不能写成三个平方数的和.

我们在第 3 章中已展示了如何验证第一个论断. 第二个论断是通过试验 7 不能写成三个平方数的和来验证的.

华林的论断是:首先 $g(3) \leqslant 9$ 且 $g(4) \leqslant 19$,其次对任意正整数 k,$g(k)$ 是有限的. 不难验证 23 不能写成 8 个立方数的和. 另一方面,$23=2 \cdot 2^3+7 \cdot 1^3$,因此 23 是 9 个立方数的和. 类似地,$79=4 \cdot 2^4+15 \cdot 1^4$,又一

次用试错法表明 79 不是 18 个四次方的和. 华林当然清楚这些计算式,因此他的第一个结论实际上是 $g(3) = 9$ 且 $g(4) = 19$.

更有趣的是,立方数的和与更高次幂的和对平方数来说是不正确的. 首先拿立方数的问题来说,我们看到 23 是 9 个且不限于 9 个立方数的和. 进一步的工作表明 $239 = 2 \cdot 4^3 + 4 \cdot 3^3 + 3 \cdot 1^3$,再一次表明 239 不能写成少于 9 个立方数的和. 然而,可以证明只有这两个数不能写成 8 个立方数的和.

在这种情况下,数学家决定把在 23 与 239 中出现的现象看作数字的反常性,即没有足够的立方数用来把这两个数写成 8 个立方数的和. 然而,所有其他数都是 8 个立方数的和. 这一论断被专家们认为比所有数字都是 9 个立方数的和更为深刻和有趣,这也很难证明. 记号 $G(k)$ 习惯上用来表示使得每个充分大的整数能够写 N 个非负 k 次幂的和最小的整数 N.

在平方数的情形下,我们知道不仅恰好有 $g(2) = 4$,而且有 $G(2) = 4$. 为什么? 请注意 7 不能写成 3 个平方数的和,但很容易证明更多结论. 这在第 3 章已经以不同的形式表述了,但还是简短地重复一下:

定理 4.1 如果 $n \equiv 7 \pmod 8$,那么 n 不是三个平方数的和.

证明 将数字 $0, 1, \cdots, 7$ 平方表明,如果 a 是任意一个整数,那么 $a^2 \equiv 0, 1$ 或 $4 \pmod 8$. 假设 $n = a^2 + b^2 + c^2$,那么 $n \equiv a^2 + b^2 + c^2 \pmod 8$,并且反复试验表明 $n \not\equiv 7 \pmod 8$. □

先前的关于立方数的和表明 $G(3) \leq 8$. 事实上,借助计算机程序知道在小于 10^6 的所有正整数中,只有屈指可数的几个可以表示成 8 个非零立方数的和,它们中最大的是 454. 此外,所有在 455 与 10^6 之间的数能够写成不超过 7 个立方数的和. 猜想 $G(3) \leq 7$ 只是暂时的. 这个不等式已被证明,Boklan 和 Elkies(2009)的著作中有此部分结果的初等证明. 然而,$G(3)$ 的精确值还不知道.

但是,我们容易知道 $G(3) \geq 4$,原因与定理 4.1 中的道理一样.

定理 4.2 如果 $n \equiv \pm 4 \pmod 9$,那么 n 不是三个立方数的和.

证明 如果 a 是任意整数,将数字 $0, 1, \cdots, 8$ 立方表明 $a^3 \equiv 0$,

1 或 $-1(\bmod 9)$. 因此，如果 $n = a^3 + b^3 + c^3$，那么 $n \not\equiv \pm 4(\bmod 9)$. □

因此，众所周知 $4 \leqslant G(3) \leqslant 7$，计算机实验表明几乎没有小于 10^9 的数能写成 6 个立方数的和表明 $G(3) \leqslant 6$. 一些专家大胆地根据数值证据推测 $G(3) = 4$.

2. 四次幂的和

因为四次幂是平方的平方，给出 $g(4)$ 为有限的一个初等证明是可能的. 我们遵循哈代和莱特（Hardy & Wright, 2008）的观点.

定理 4.3　$g(4)$ 最多为 53.

证明　烦琐的计算验证给出了以下代数恒等式

$$6(a^2 + b^2 + c^2 + d^2)^2 = (a+b)^4 + (a-b)^4 + (c+d)^4 + (c-d)^4 +$$
$$(a+c)^4 + (a-c)^4 + (b+d)^4 + (b-d)^4 +$$
$$(a+d)^4 + (a-d)^4 + (b+c)^4 + (b-c)^4$$

因此，任何形如 $6(a^2 + b^2 + c^2 + d^2)^2$ 的数都能写成 12 个四次幂的和. 因为任意整数 m 都能表示为 $a^2 + b^2 + c^2 + d^2$，我们知道形如 $6m^2$ 的整数是 12 个四次幂的和.

现在，任意整数 n 都能被表示为 $6q + r$，这里 r 可能是 $0,1,2,3,4$ 或者 5. 数 q 可以被写为 $m_1^2 + m_2^2 + m_3^2 + m_4^2$，因此 $6q$ 是 48 个四次幂的和. 余数的最大可能值是 5. 而 $5 = 1^4 + 1^4 + 1^4 + 1^4 + 1^4$，结论得证. □

我们也可以得到与定理 4.1 类似的四次幂的结果：

定理 4.4　如果 $n \equiv 15(\bmod 16)$，那么 n 不是 14 个四次幂的和.

证明　烦琐的计算表明 $a^4 \equiv 0$ 或 $1(\bmod 16)$，因此，如果 $n = a_1^4 + a_2^4 + \cdots + a_{14}^4$，那么 $n \not\equiv 15(\bmod 16)$. □

换句话说，我们知道 $G(4) \geqslant 15$，反复试验表明 31 不是 15 个四次幂的和. 定理 4.4 的一个变形表明对任意整数 m，$16^m \cdot 31$ 不是 15 个四次幂的和，因此，$G(4) \geqslant 16$.

事实上，下界值就是真值，即 $G(4) = 16$，达文波特（Davenport，1939）给出了这个结果.

3. 高次幂

得到 $g(k)$ 的下界并不困难. 方法是取一个比 3^k 小的数 n，因此 n 能表示为 $a \cdot 1^k$ 与 $b \cdot 2^k$ 的和. 更确切地说，令 q 是小于 $\dfrac{3^k}{2^k}$ 的最大整数. 设 $n = q \cdot 2^k - 1$，立即可得 $n < 3^k$. 一些想法表明 $n = (q-1)2^k + (2^k-1)1^k$，因此 n 是 $(q-1) + (2^k-1)k$ 次幂的和. 我们有：

定理 4.5 $g(k) \geqslant 2^k + q - 2.$

数学家猜想，实际上 $g(k) = 2^k + q - 2$. 例如，$g(4) = 2^4 + 5 - 2$，并且 q 在这种情况下是 5 是因为 $\dfrac{3^4}{2^4} = \dfrac{81}{16} = 5 + \dfrac{1}{16}$. 现在已经知道对所有有限值 k 关于 $g(k)$ 的等式是正确的（Mahler，1957）.

如前所述，$G(k)$ 的值被认为更有意义，因为它独立于数值的反常性. 所涉及的数学理论也更难. 用他们所谓的**圆方法**，哈代和莱特得到了最初的结果. 维诺格拉多夫改进了这种方法，并在 1947 年给出了

$$G(k) \leqslant k(3 \log k + 11).$$

目前，针对这一问题仍然是一个活跃的研究课题.

第 5 章　简单和

1. 回到一年级

我们教孩子如何做加法时,他们会熟记或使用九九加法表.然后,他们可以使用位置来加任意大小的数字,至少在理论上是这样的.数学的力量使我们在这里停留片刻.数学中有些东西是可以证明的,但从来没有得到充分的证明.例如,学生知道加法交换律:对任意两个整数 x 和 y,总有 $x + y = y + x$. 他们用简单的例子来验证,如 $23 + 92 = 92 + 23$. 但加法交换律对任意两个整数都成立.整数如此之多,在有生之年你不可能写完或读完它们.在其中任取两个——无论那个加数在前它们的和都是一样的(并且除少整数外,其他所有整数是如此之大).

假设你把两个相当大的数 a 和 b 相加,并在一年之内可以手工把它们加起来.今年计算 $a + b$,而明年计算 $b + a$,我打赌你不会得到同样的答案.理由是你会因疲倦而犯下错误,而不是交换律对某些非常大的数不成立.数学不是经验主义的科学.

回到较小的数.任何数总可以表示成以 10 为基的和.例如,数 2 013 可表示为 2 000 + 10 + 3. 这允许我们使用**舍九法**(casting out nines)来检查加法运算.把一个数(以 10 为基)舍九的意思是将这个数的所有数位上的数字加在一起,然后将得到的数字上所有数位上的数字又加在一起,继续下去,直到得到 1 位数.在步骤的任何环节,你可以减 9 或者任何加起来为 9 的一组数,最后你只能得到 0,1,2,3,4,5,6,7 或者 8.

为了检查加法 $a + b = c$(所有 3 个数都写成以 10 为基),你用 a, b 和 c 除以 9. 将 a 与 b 舍九后的数字相加并将它们的和舍九.你应该也能从 c 得到一

个确定的数字. 例如,

$$2\,013 + 7\,829 = 9\,842$$

检验:舍九后, 2 013 是 6 而 7 829 是 8,将 6 与 8 相加得到 14,这是一个两位数,结果给出 1 + 4 = 5. 然后检查假设的和 9 842——是的,它剩下的也是 5. 因此这是一个检查加法的正确性的好办法. 虽然,一个错误很可能只会影响一个数字,但会破坏与确定和的一致性(除非数字误差是 0 和 9 的互换). 当然,如果你用它来检查一个很长的和,过多的加项增加了错误的风险. 但它对普通的日常问题仍然有用——如果你不利用计算器,甚至不使用计算器(因为在计算器里输入数字时可能出错). 舍九也可以用来检查减法和乘法.

为什么舍九有效? 一个以 10 为基的数是一个和. 例如, $abcd = 10^3 \cdot a + 10^2 \cdot b + 10 \cdot c + d$. 因为 $10 \equiv 1 \pmod 9$, 故对任意正整数 k, 总有 $10^k \equiv 1 \pmod 9$, 进而有 $abcd \equiv a + b + c + d \pmod 9$. 当舍九以后我们要做的仅是找到这些数字除以 9 的余数. 要检查 $x + y = z$ 是否准确,更好的方法是检验 $x + y \equiv z \pmod 9$ 是否正确.

2. 低次幂相加

继续考虑连续整数的方幂求和,如果从零次幂开始,就有

$$1 + 1 + \cdots + 1 = n$$

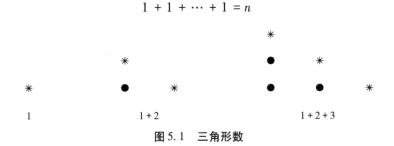

图 5.1 三角形数

如果左边有 n 项,那并不困难[1]. 也许公式可以被认为是整数 n 的定义,或者它表示乘法 $1 \cdot n = n$. 我们将跳过像这样的哲学问题,继续探索一次幂.

$$1 + 2 + 3 + \cdots + n = \frac{n(n+1)}{2} \tag{5.1}$$

称结果为第 n 个三角形数,其原因如图 5.1 所示.

如何证明这个公式? 据说高斯小时候就指出[2]:将 1 和 n 合为一组,其和为 $n+1$;将 2 和 $n-1$ 合为一组,其和为 $n+1$;如此继续下去. 这里一共有多少组呢? 应该有 $\frac{n}{2}$ 组,因为有 n 个数且每组里有两个数. 你将 $n+1$ 总共相加了 $\frac{n}{2}$ 次,这就是所宣称的结果. (如果 n 是奇数,我们希望你被这个结论困扰. 在这种情况下,你需要稍微修改一下,留给你做练习.)

证明公式(5.1)更正式的方法是用数学归纳法. 在科学中,"归纳"是指从实验中观察到的大量发生的现象和规律. 这不是数学意义上的归纳. 在我们的主题中,归纳是证明依赖于变量 n 的结论的一种特殊方法,这里 n 是正整数. 或者你可以把它看作证明一个关于无限数的结论,每一个都用整数 n 来标识. 归纳法是如何工作的?

数学归纳法依赖如下公理(我们承认它为真):

设有一个正整数集合 S,并且 S 含有整数 1,若表述

(*)如果 S 包含了所有直到 $N-1$ 的正整数,那么它也包含整数 N.
　　是正确的,那么 S 是所有正整数的集合.

现在假定你有一个依赖于正整数 n 的命题需要证明. 用 P_n 表示与整数 n 有关的命题(这里的字母 P 是"proposition"的首字母). 例如,为了证明式(5.1):

---

[1]　这个术语源于 *Through the Looking-Glass* 第 6 页.

[2]　关于这个故事的更多情况,请参阅第 6 章第 1 节.

$$1 + 2 + 3 + \cdots + n = \frac{n(n + 1)}{2}$$

那么 P_4 应该是 $1 + 2 + 3 + 4 = \frac{4(4 + 1)}{2} = 10$ (顺便说一句,这是正确的).

如果 S 表示 P_m 为真的所有正整数 m 的集合. 那么, 为了证明对所有 n, P_n 为真, 我们必须保证 P_1 为真, 并且

($\ddagger$) 如果对任意 $N \geqslant 2$ 的整数和所有 $k < N, P_k$ 为真, 那么 P_N 也为真.

让我们试试这个问题. 首先, 验证 P_1, 也就是 $1 = \frac{1(1 + 1)}{2}$. 是的, 这是正确的.

现在, 来尝试步骤 ($\ddagger$). 记 N 为任意正整数, 并且假定对所有 $k < N, P_k$ 为真. 我们需要在上面的假设(称为"归纳假设")下, 证明 P_N 为真. 现在的假设告诉我们 P_{N-1} 为真. 换句话说,

$$1 + 2 + 3 + \cdots + N - 1 = \frac{(N - 1)(N - 1 + 1)}{2} = \frac{(N - 1)N}{2}$$

$$(5.2)$$

因为假设式 (5.2) 成立, 在方程两边同时加上 N, 结果仍成立. 故有

$$1 + 2 + 3 + \cdots + N - 1 + N = \frac{(N - 1)N}{2} + N$$

$$= \frac{(N - 1)N + 2N}{2}$$

$$= \frac{N^2 - N + 2N}{2}$$

$$= \frac{N(N + 1)}{2}$$

换句话说, 在归纳假设下, P_N 为真. 因此, 我们检验了步骤 ($\ddagger$) 并完成了证明. 即证明了对任意正整数 n, P_n 为真.

当做一次幂的和时, 可以尝试稍微复杂一点的问题, 如间隔一个数相加:

$$1 + 3 + 5 + \cdots + (2n - 1) = n^2$$

一个富有启发的证明如图 5.2 所示,你也可以通过数学归纳法来证明,我们将它作为练习留给你.

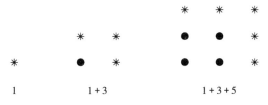

图 5.2　奇数的和

将偶数相加不会给我们带来任何新的东西:

$$2 + 4 + 6 + \cdots + 2n = 2(1 + 2 + 3 + \cdots + n) = 2\left(\frac{n(n + 1)}{2}\right) = n(n + 1)$$

这些数字既不是三角形数也不是平方数,但近似平方数,如图 5.3 所示.

如果每次间隔两个数相加会怎样?

$$1 + 4 + 7 + \cdots + (3n + 1) = \frac{3(n + 1)^2 - (n + 1)}{2}$$

它们被称为五边形数,你可以在图 5.4 中看到这样命名的原因. 我们再次为你留下这个公式的证明.你也可以继续这个游戏,创造六边形数(图 5.5)、七边形数,等等. 这些数字统称为多边形数.

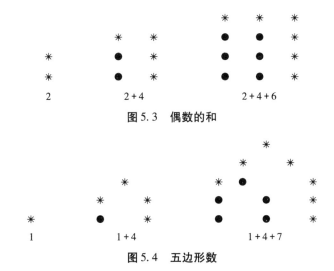

图 5.3　偶数的和

图 5.4　五边形数

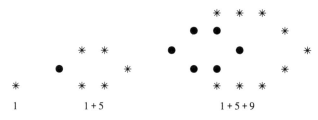

图 5.5 六边形数

这里指出一些有趣的事实. 对正整数 n, 三角形数具有形式 $\dfrac{n(n+1)}{2}$.

然而, 你可以用 0 或负数来代替 n. 当代入 0 时, 得到的是 0, 因此, 我们可以使 0 是名义上的三角形数. 当用负数代替 n 时, 你得到的序列与你用正数值替换时的顺序相同.

平方数的表达式是 n^2. 再一次, 让 0 成为名义上的平方数不会带来困扰, 代入取负值的整数 n 与代入正值的结果类似.

五边形数的表达式是 $\dfrac{3n^2-n}{2}$. 对 n 取正值, 可得 $1,5,12,22,35,\cdots$. 又一次, 把 0 作为名义上的五边形数. 但 n 取负值会生成序列 $2,7,15,26,40,$ $\cdots$. 请注意这是完全不同的序列. 你可以试试能不能用五边形连接这个序列.

那么六边形数是怎样的? 此类数的表达式是 $2n^2-n$, 序列为 $1,6,15,$ 28, $45,\cdots$. n 取负值的序列是 $3,10,21,36,55,\cdots$. 有办法用六边形来连接这个序列吗[1]?

我们在本书的其他地方可以看到, 每一个正整数都是四个平方数的和. 柯西证明了每一个正整数是三个三角形数的和、五个五边形数的和、六个六边形数的和, 等等. 但这不是一个简单的定理. 此外, 最大的不是四个六边形数之和的数是 130.

如果将相邻整数的平方加起来会怎样?

$$1^2 + 2^2 + 3^2 + \cdots + n^2 = \underline{???}$$

---

[1] 我们不会进一步探讨多边形数这个话题. 除了提到公式中 n 阶 "k-边形" 数总是关于变量 n 的二次多项式. 多项式的特殊性自然依赖于 k.

我们困扰于物理学中没有数学归纳法. 物理学不仅是自然科学的发展方向, 而且在数学中也有很好的应用. 一方面, 如果假设命题 P_n 对 n 取到 10 亿都为真, 那么我们不会接受把数值验证作为证明而承认对所有 n, P_n 为真. 另一方面, 上述发现可以引导证明对所有 n, P_n 为真, 有时甚至不需要做 10 亿次验算.

让我们试着找出 n 个平方数之和的公式, 然后试着证明它. 先做一些猜想, 首先, 回到已证明的一些公式上. n 个 1 的 1 次幂的和是 n, n 的 1 次幂相加得 $\dfrac{n^2}{2} + \dfrac{n}{2}$. 这是个微不足道的结论. 但能猜想 n 的 k 次幂的和是一个没有常数项的 $k + 1$ 次多项式, 如果是那样, 我们寻找的公式应该是

$$1^2 + 2^2 + 3^2 + \cdots + n^2 = a_3 n^3 + a_2 n^2 + a_1 n$$

如果把幂加上某个"维数", 这就有意义了, 我们将得到一个更高的"维数". 并且因 0 的 0 次幂仍然是 0, 没有常数项是有道理的.

这里有三个未知系数: a_1, a_2 和 a_3, 我们试图用三个方程来找到它们. 对 $n = 1, 2$ 和 3, 用猜想的公式计算:

$$1 = a_3 + a_2 + a_1$$
$$5 = 8a_3 + 4a_2 + 2a_1$$
$$14 = 27a_3 + 9a_2 + 3a_1$$

这里有三个方程和三个未知数. 虽然有点费力, 但知道如何求解它们. 从第二个方程中减去第一个方程的两倍并且从第三个方程中减去第一个方程的 3 倍得

$$3 = 6a_3 + 2a_2$$
$$11 = 24a_3 + 6a_2$$

现在, 两个方程两个未知量, 从第二个方程中减去第一个方程的 3 倍可得 $2 = 6a_3$, 因此 $a_3 = \dfrac{1}{3}$. 代入方程组中的任意一个方程, 得到 $a_2 = \dfrac{1}{2}$. 将两者代入三个方程中的第一个方程, 得到 $a_1 = \dfrac{1}{6}$. 将这些值代入 $a_3 n^3 + a_2 n^2 +$

$a_1 n$,并因式分解,答案可简化为 $\dfrac{n(n+1)(2n+1)}{6}$.

因此,猜想

$$1^2 + 2^2 + 3^2 + \cdots + n^2 = \dfrac{n(n+1)(2n+1)}{6}$$

事实上,这是正确的,并能用数学归纳法证明. 我们将在下一章中继续沿用这一思路.

第6章 幂和,代数的大量使用

1.历史

这是本书中最古老的故事之一——但故事中的细节却是众说纷纭.下面是大学本科数学史教材中的第一种版本(Calinger, 1995):

J. G. Büttner 老师要求学生把 1 到 100 的整数相加.高斯只用了一秒就把答案写在了他的石板上.

第二种版本(Pólya, 1981)是:

这件事发生在小高斯还在上小学的时候.一天,老师布置了一个较难的任务:将数字 1,2,3,…,相加,一直加到 20.当孩子们忙于做计算时,老师期望把时间留给自己.因此,当小高斯还在别人费力地计算时就上前把他的石板放在老师的桌子上说:"答案在这里."老师感到十分不快.

波利亚补充说:"我特别喜欢这个我自己小时候听过的版本,我不在乎它是否真实."

第三种版本(Bell, 1965)是:

对英雄巴特纳来说,在几秒钟内发现一个公式并给出长加法的答案是容易的.问题是如下类型,81 297 + 81 495 + 81 693 + … + 1 000 899,这里从一个数与相邻一个数的差是相同的(这里是 198),并且给出项数(这里是 100)将其相加.

首先得到了答案的男孩,把他的石板放在桌子上是学校的惯例;下一个则把自己的石板放在第一个上面,依此类推. 巴特纳刚陈述完问题后,高斯就把他的石板放在桌子上:"答案就在这里." 他用方言说——"浅色(*Ligget se*)".

不同的细节不会影响藏在故事后面的数学,虽然人们怀疑这个故事的真实性. 通常的解释如下. 我们挑选一个版本并且考虑 $1 + 2 + 3 + \cdots + 100$,用 S 表示问题中数字的和. 根据基本的加法性质将和式写成不同的形式:

$$1 + 2 + 3 + \cdots + 98 + 99 + 100 = S,$$
$$100 + 99 + 98 + \cdots + 3 + 2 + 1 = S$$

纵向相加,每列数字的和是 101,这里有 100 列,因此 $2S = 100 \cdot 101$,或者 $S = \dfrac{100 \cdot 101}{2} = 5\,050$.

用任意正整数 n 替换 100,相同的推导表明 $S_1 = 1 + 2 + \cdots + n = \dfrac{n(n + 1)}{2}$. 有关连续整数相加的详细情形,可以参阅第 5 章第 2 节.

我们如何计算贝尔(Bell, 1965)给出的和?使用相同的技巧:

$$81\,297 + 81\,495 + 81\,693 + \cdots + 100\,899 = S,$$
$$100\,899 + 100\,701 + 100\,503 + \cdots + 81\,297 = S$$

纵向相加,每一列的和是 182\,196. 这里有 100 列,$2S = 18\,219\,600$,因此 $S = 9\,109\,800$.

更一般地,算术级数是如下形式的和:

$$a + (a + d) + (a + 2d) + \cdots + (a + (n - 1)d)$$

该式有 n 项,相邻两项的差是 d. 如果颠倒项的次序并纵向相加,每一列的和是 $2a + (n - 1)d$,共有 n 列. 因此,它们的和是 $\dfrac{n[2a + (n - 1)d]}{2}$. 另一种

导出公式的方法是 $a + (a + d) + (a + 2d) + \cdots + [a + (n - 1)d] = na + d[1 + 2 + \cdots + (n - 1)] = na + d\dfrac{n(n - 1)}{2}$,将公式应用于上述例子.第一个例子有 $a = 1, d = 1$,以及 $n = 100$,其和是 $\dfrac{100 \cdot 101}{2}$.第二个例子中 $a = 81\,297, d = 198$ 和 $n = 100$,其和是 $\dfrac{100 \cdot 182\,196}{2} = 9\,109\,800$,和先前所得一样.

2. 平方

现在更进一步,一个自然的问题[1]是要找到 $S' = 1^2 + 2^2 + 3^2 + \cdots + 100^2$ 的公式.使用相同的技巧——将其改写为 $S' = 100^2 + 99^2 + \cdots + 2^2 + 1^2$——这次却没有什么帮助,因为不同的列的和是不同的数:$100^2 + 1^2 \neq 99^2 + 2^2$.

解决它的一种办法是将先前问题的解法换成另一种形式.可以用求和符号重新描述我们的技巧.记 $S_1 = \sum_{i=0}^{n} i$,求和开始于 0 而不是 1 可以使推导更简单,因为即使和加上 0 也不会改变和的值.将倒序求和记为 $S_1 = \sum_{i=0}^{n} (n - i)$.相加得到 $2S_1 = \sum_{i=0}^{n} i + (n - i) = \sum_{i=0}^{n} n = n(n + 1)$,因为在最后一个求和式中有 $n + 1$ 项,并且每一项都是 n.最后,如前所述,得到 $S_1 = \dfrac{n(n + 1)}{2}$.

现在,令

---

[1] 这个问题是特别自然的,如果你试图对 x^k 积分但又不知道微积分的基本定理,换句话说,你只会帕斯卡或费马时代的数学,则它与积分的联系是

$$\int_0^1 x^k \mathrm{d}x = \lim_{n \to \infty} \frac{1^k + 2^k + 3^k + \cdots + n^k}{n^{k+1}}$$

可以看到积分被当作右边黎曼和的极限.

$$S_2 = \sum_{i=0}^{n} i^2 = \sum_{i=0}^{n} (n-i)^2$$

那么

$$2S_2 = \sum_{i=0}^{n} i^2 + (n-i)^2$$

$$= \sum_{i=0}^{n} i^2 + n^2 - 2ni + i^2$$

$$= \sum_{i=0}^{n} 2i^2 + n^2 - 2ni$$

$$= \sum_{i=0}^{n} 2i^2 + \sum_{i=0}^{n} n^2 - 2n \sum_{i=0}^{n} i$$

$$= 2S_2 + (n+1)n^2 - 2nS_1$$

接下来,消去方程两边的 $2S_2$,还剩下 $(n+1)n^2 - 2nS_1 = 0$. 这是正确的,但没有给出任何我们不知道的事情.

在这一点上,我们应保持乐观,因为问题会帮助我们继续前进. 没能得到 S_2 的公式,但我们对 S_1 的公式得到了不同的证明. 也许用同样的方法寻找 $S_3 = 1^3 + 2^3 + \cdots + n^3$ 的公式会给出 S_2 的公式. 试一下

$$S_3 = \sum_{i=0}^{n} i^3 = \sum_{i=0}^{n} (n-i)^3$$

$$2S_3 = \sum_{i=0}^{n} i^3 + (n-i)^3$$

$$= \sum_{i=0}^{n} i^3 + n^3 - 3n^2 i + 3ni^2 - i^3$$

$$= \sum_{i=0}^{n} n^3 - 3n^2 i + 3ni^2$$

$$= n^3(n+1) - 3n^2 S_1 + 3n S_2$$

$$= n^3(n+1) - \frac{3}{2} n^3(n+1) + 3n S_2$$

$$= -\frac{1}{2} n^3(n+1) + 3n S_2$$

因此

$$3nS_2 - 2S_3 = \frac{1}{2}n^3(n+1)$$

这似乎更没希望,因为现在所得的公式中同时有两个我们不知道的量:S_2 和 S_3.

再试一次,这次计算 S_4:

$$S_4 = \sum_{i=0}^{n} i^4 = \sum_{i=0}^{n} (n-i)^4$$

$$2S_4 = \sum_{i=0}^{n} i^4 + (n-i)^4$$

$$= \sum_{i=0}^{n} i^4 + n^4 - 4n^3i + 6n^2i^2 - 4ni^3 + i^4$$

$$= 2S_4 + n^4(n+1) - 4n^3S_1 + 6n^2S_2 - 4nS_3$$

从方程两边消去 $2S_4$,并代入已知的 S_1 的值:

$$0 = n^4(n+1) - 2n^4(n+1) + 6n^2S_2 - 4nS_3$$

$$= -n^4(n+1) + 6n^2S_2 - 4nS_3$$

$$6n^2S_2 - 4nS_3 = n^4(n+1)$$

不幸的是,我们又一次导出了 S_2 和 S_3 相同的关系式.

我们需要一个额外的技巧. 一种方法是回到关于 S_3 的公式,移去 $i=0$ 这一项,并使用被称为"重置指标"的求和技巧:

$$S_3 = \sum_{i=0}^{n} i^3 = \sum_{i=1}^{n} i^3 = \sum_{i=0}^{n-1} (i+1)^3$$

$$S_3 + (n+1)^3 = \sum_{i=0}^{n} (i+1)^3 = \sum_{i=0}^{n} i^3 + 3i^2 + 3i + 1$$

$$= S_3 + 3S_2 + 3S_1 + (n+1)$$

现在从方程两边消去 S_3,并应用 S_1 的公式就十分有用:

$$(n+1)^3 = 3S_2 + \frac{3}{2}n(n+1) + (n+1)$$

$$n^3 + 3n^2 + 3n + 1 = 3S_2 + \frac{3}{2}n^2 + \frac{5}{2}n + 1$$

$$n^3 + \frac{3}{2}n^2 + \frac{1}{2}n = 3S_2$$

$$\frac{n(n+1)(2n+1)}{2} = 3S_2$$

$$\frac{n(n+1)(2n+1)}{6} = S_2$$

这里得到了 S_2 的公式,并且现在可以从关系式 $3nS_2 - 2S_3 = \frac{1}{2}n^3(n+1)$ 中推导出 S_3 的公式,尽管推导方法在数学上是正确的,但是在审美上却不令人满意.

3. 套曲:双重和

有时,将问题变得更复杂,但对结果却是一种简化. 在求 S_2 的情形中,意味着将单重求和写成复杂的双重求和.

我们知道 $2^2 = 2 + 2, 3^3 = 3 + 3 + 3$,一般地,有 $i^2 = \overbrace{i + i + \cdots + i}^{i \text{个}}$,即 $i^2 = \sum\limits_{j=1}^{i} i$,故可得

$$S_2 = \sum_{i=1}^{n} i^2 = \sum_{i=1}^{n} \sum_{j=1}^{i} i$$

注意到如果第二个求和稍做改变,那么就能继续. 要是第二个求和是 $\sum\limits_{j=1}^{n} i$ 就好了,它加起来就是 in,那么就有

$$\sum_{i=1}^{n} \sum_{j=1}^{n} i = \sum_{i=1}^{n} in = n \sum_{i=1}^{n} i = n \frac{n(n+1)}{2}$$

把这个等式反过来表示:

$$n\frac{n(n+1)}{2} = \sum_{i=1}^{n}\sum_{j=1}^{n} i = \sum_{i=1}^{n}\sum_{j=1}^{i} i + \sum_{i=1}^{n}\sum_{j=i+1}^{n} i = S_2 + \sum_{i=1}^{n}\sum_{j=i+1}^{n} i$$

对于那些注重细节的人来说,定义 $i = n$ 时,后者的和是 0,这样就可以让 j 从 $n + 1$ 变到 n.

如何处理最后一个双重和? 请注意和式中关于 1 有一串,然后有更少的一串 2,然后是更加少的一串 3,依次类推:

$$
\begin{array}{ccccccccc}
1 & + & 1 & + & 1 & + & 1 & + & \cdots & + & 1 & + \\
& & 2 & + & 2 & + & 2 & + & \cdots & + & 2 & + \\
& & & & 3 & + & 3 & + & \cdots & + & 3 & + \\
& & & & & & 4 & + & \cdots & + & 4 & + \\
& & & & & & & & \cdots & + & 5 & + \\
& & & & & & & & \cdots & + & \cdots & + \\
& & & & & & & & & & n - 1 &
\end{array}
$$

现在继续纵向相加,因为可以利用已经知道的公式. 第一列有 $1 = \dfrac{1 \cdot 2}{2}$,第二列有 $1 + 2 = \dfrac{2 \cdot 3}{2}$,第三列有 $1 + 2 + 3 = \dfrac{3 \cdot 4}{2}$,一直到 $1 + 2 + \cdots + (n - 1) = \dfrac{(n - 1)n}{2}$. 换句话说,

$$
\begin{aligned}
\sum_{i=1}^{n}\sum_{j=i+1}^{n} i &= \sum_{k=1}^{n-1} \frac{k(k+1)}{2} \\
&= \sum_{k=1}^{n-1} \frac{k^2}{2} + \sum_{k=1}^{n-1} \frac{k}{2} \\
&= \frac{1}{2}\sum_{k=1}^{n-1} k^2 + \frac{1}{2}\sum_{k=1}^{n-1} k \\
&= \frac{1}{2}\sum_{k=1}^{n-1} k^2 + \frac{(n-1)n}{4}
\end{aligned}
$$

最后,如果加上 $\dfrac{n^2}{2}$,并减去 $\dfrac{n^2}{2}$,得

$$\sum_{i=1}^{n}\sum_{j=i+1}^{n} i = \frac{1}{2}\sum_{k=1}^{n} k^2 + \frac{(n-1)n}{4} - \frac{n^2}{2} = \frac{S_2}{2} + \frac{(n-1)n}{4} - \frac{n^2}{2}$$

现在将它们全部放在一起,

$$n\frac{n(n+1)}{2} = S_2 + \sum_{i=1}^{n}\sum_{j=n+1}^{n} i = S_2 + \frac{S_2}{2} + \frac{(n-1)n}{4} - \frac{n^2}{2}$$

不可避免地要做一点烦琐的代数计算:

$$\frac{3S_2}{2} = \frac{n^3+n^2}{2} + \frac{n^2}{2} - \frac{n^2}{4} + \frac{n}{4} = \frac{n^3}{2} + \frac{3n^2}{4} + \frac{n}{4}$$

$$S_2 = \frac{n^3}{3} + \frac{n^2}{2} + \frac{n}{6} = \frac{2n^3 + 3n^2 + n}{6} = \frac{n(n+1)(2n+1)}{6}$$

还有一种方法可以直接应用到原来的双重和 S_2,称为"交换求和次序". 我们略去细节,如果你希望欣赏一下,它的计算过程如下:

$$S_2 = \sum_{i=1}^{n} i^2 = \sum_{i=1}^{n}\sum_{j=1}^{i} i = \sum_{j=1}^{n}\sum_{i=j}^{n} i = \sum_{j=1}^{n}\left[\frac{n(n+1)}{2} - \frac{(j-1)j}{2}\right]$$

$$= n\frac{n(n+1)}{2} - \sum_{j=1}^{n}\frac{j^2}{2} + \sum_{j=1}^{n}\frac{j}{2}$$

$$= n\frac{n(n+1)}{2} - \frac{S_2}{2} + \frac{n(n+1)}{4}$$

$$\frac{3S_2}{2} = n\frac{n(n+1)}{2} + \frac{n(n+1)}{4} = \frac{n^3}{2} + \frac{3n^2}{4} + \frac{n}{4}$$

经过与上述类似的代数化简后,可得到与前面相同的公式 S_2.

4. 裂项求和

前面这些想法十分有趣. 但我们现在还不清楚如何继续求更高次幂的和. 帕斯卡发现了一个系统的方法来处理 $S_k = 1^k + 2^k + \cdots + n^k$. 他的方法看似不值得称道,但仔细研究后却能发现这种方法的奇妙之处. 为了便于理解，你需要记住二项式系数的定义：$\binom{n}{k} = \dfrac{n!}{k!(n-k)!}$，式中，$n, k$ 是整数且 $0 \leq k \leq n$.

利用二项式定理将 $(x+1)^k$ 写成 $x^k + \binom{k}{1} x^{k-1} + \cdots + \binom{k}{k-1} x + 1$，并且将右边的第一项移到左边：

$$(x+1)^k - x^k = \binom{k}{1} x^{k-1} + \binom{k}{2} x^{k-2} + \cdots + \binom{k}{k-1} x + 1$$

现在，令 $x = 1, 2, 3, \cdots, n$，并将这些式子求和. 右边为

$$\binom{k}{1} S_{k-1} + \binom{k}{2} S_{k-2} \cdots + \binom{k}{k-1} S_1 + n$$

左边会怎样？左边是 $[2^k - 1^k] + [3^k - 2^k] + \cdots + [(n+1)^k - n^k]$. 在这里，我们看到帕斯卡思想闪光的一部分：左边被简化为 $(n+1)^k - 1$.（这是一个裂项求和的例子.）即

$$(n+1)^k = \binom{k}{1} S_{k-1} + \binom{k}{2} S_{k-2} \cdots + \binom{k}{k-1} S_1 + (n+1)$$

这个公式允许我们对任意 k 计算 S_{k-1}，但需要先计算出 $S_1, S_2, \cdots, S_{k-2}$. 以下是它的原理. 假装我们不知道 S_1，令 $k = 2$，得

$$(n+1)^2 = \binom{2}{1} S_1 + (n+1)$$

$$n^2 + 2n + 1 = 2S_1 + n + 1$$

$$n^2 + n = 2S_1$$

$$\frac{n^2 + n}{2} = S_1$$

现在，令 $k = 3$，得

$$(n+1)^3 = \binom{3}{2} S_2 + \binom{3}{1} S_1 + (n+1)$$

$$n^3 + 3n^2 + 3n + 1 = 3S_2 + 3S_1 + n + 1$$

$$= 3S_2 + \frac{3n^2}{2} + \frac{3n}{2} + n + 1$$

$$n^3 + \frac{3n^2}{2} + \frac{n}{2} = 3S_2$$

这里又一次给出了 S_2 的公式.

再做一步,只是为了好玩. 令 $k = 4$,应用公式得

$$(n+1)^4 = \binom{4}{3} S_3 + \binom{4}{2} S_2 + \binom{4}{1} S_1 + (n+1)$$

$$n^4 + 4n^3 + 6n^2 + 4n + 1 = 4S_3 + 6S_2 + 4S_1 + n + 1$$

$$= 4S_3 + (2n^3 + 3n^2 + n) + (2n^2 + 2n) + n + 1$$

$$n^4 + 2n^3 + n^2 = 4S_3$$

$$\frac{n^2(n+1)^2}{4} = S_3$$

5. 裂项求和回顾

帕斯卡的裂项求和思想如此奇妙,以致迫切需要做进一步的探索[1]. 我们已经对 $(x+1)^k - x^k$ 的差进行了求和,公式的左边可对任意一个函数 $f(x)$ 裂项求和. 当 $x = 1, 2, \cdots, n$ 时,求 $f(x+1) - f(x)$ 的和,然后看 $f(n+1) - f(1)$ 等于什么. 问题是如何尽可能巧妙地选择函数 $f(x)$. 理想的情况是,我们想要的右边"什么"加起来是 S_k. 最简单的方法就是找一个满足 $f(x+1) - f(x) = x^k$ 的函数 $f(x)$. 这样,当我们把裂项求和左边加在一起时,便得到

---

[1] 提醒:这一节需要指数函数 e^x 和初等微积分的知识,本节还用到了无穷级数的知识.你可以跳过它,读完第 7 章和第 8 章后再回来.

$f(n + 1) - f(1)$;右边裂项求和就会得到 $1^k + 2^k + \cdots + n^k = S_k$. 要寻找函数 $f(x)$,我们不妨保持乐观并寻找满足 $p_k(x + 1) - p_k(x) = x^k$ 的多项式函数 $p_k(x)$. 若能找到这个难以捉摸的多项式,那么 $S_k = p_k(n + 1) - p_k(1)$.

这样的多项式确实存在,它是用**伯努利数**和**伯努利多项式**来定义的. 导出所有性质的最快方法是做一个看起来既没有目的,又很难使用的定义. 以函数 $\dfrac{te^{tx}}{e^t - 1}$ 为例,它是关于变量 x 和 t 的函数,依照 t 的幂展开,有如下定义:

$$\frac{te^{tx}}{e^t - 1} = \sum_{k=0}^{\infty} B_k(x) \frac{t^k}{k!} = B_0(x) + B_1(x)t + B_2(x)\frac{t^2}{2} + B_3(x)\frac{t^3}{6} + \cdots$$

$$(6.1)$$

右边函数 $B_k(x)$ 是伯努利多项式,但不幸的是,我们没有办法知道它们是什么样子、如何计算它们,或者说这个等式是否有意义.

从定义式(6.1)中可以得出一个结论. 在公式的右边,当 $t \to 0$ 时,可得函数 $B_0(x)$. 左边的情况如何呢? 回忆函数 e^y,它有很好的级数展开式:

$$e^y = \sum_{k=0}^{\infty} \frac{y^k}{k!} = 1 + y + \frac{y^2}{2} + \frac{y^3}{6} + \cdots$$

因此,左边好像是

$$\frac{te^{tx}}{e^t - 1} = \frac{t\left(1 + (tx) + \frac{(tx)^2}{2} + \frac{(tx)^3}{6} + \cdots\right)}{t + \frac{t^2}{2} + \frac{t^3}{6} + \cdots}$$

将分子与分母的公因子 t 消去,得

$$\frac{te^{tx}}{e^t - 1} = \frac{1 + (tx) + \frac{(tx)^2}{2} + \frac{(tx)^3}{6} + \cdots}{1 + \frac{t}{2} + \frac{t^2}{6} + \cdots}$$

当 $t \to 0$ 时,商趋于 1. 由此可推断出 $B_0(x)$ 是常数 1.

在计算出更多的这种函数之前,我们清楚函数 $B_k(x)$ 或多或少具有我们需要的性质. 同时记住我们正在寻找函数 $p_k(x)$, 它是多项式, 满足 $p_k(x + 1) - p_k(x) = x^k$. 在式(6.1)中, 通过将 x 替换成 $x + 1$, 就能计算 $B_k(x + 1) - B_k(x)$, 将其相减并分组得:

$$\frac{te^{t(x+1)}}{e^t - 1} = \sum_{k=0}^{\infty} B_k(x + 1) \frac{t^k}{k!}$$

$$\frac{te^{tx}}{e^t - 1} = \sum_{k=0}^{\infty} B_k(x) \frac{t^k}{k!}$$

$$\frac{te^{t(x+1)} - te^{tx}}{e^t - 1} = \sum_{k=0}^{\infty} (B_k(x + 1) - B_k(x)) \frac{t^k}{k!}$$

最令人惊讶的事情发生在这个等式的左边, 它表明了为什么在第一步就选择神秘函数 $\frac{te^{tx}}{e^t - 1}$:

$$\frac{te^{t(x+1)} - te^{tx}}{e^t - 1} = \frac{te^{tx+t} - te^{tx}}{e^t - 1} = \frac{te^{tx}(e^t - 1)}{e^t - 1} = te^{tx}$$

将 e^{tx} 展开成级数并乘以 t:

$$\frac{te^{t(x+1)} - te^{tx}}{e^t - 1} = t\left(1 + (tx) + \frac{(tx)^2}{2!} + \cdots\right)$$

$$= t + xt^2 + \frac{x^2 t^3}{2!} + \frac{x^3 t^4}{3!} + \cdots$$

$$= \sum_{k=1}^{\infty} x^{k-1} \frac{t^k}{(k-1)!}$$

比较 t^k 的系数, 得

$$\frac{B_k(x + 1) - B_k(x)}{k!} = \frac{x^{k-1}}{(k-1)!}$$

当 $k \geq 1$ 时, 两边同乘以 $k!$, 得 $B_k(x + 1) - B_k(x) = kx^{k-1}$. 这样就足够了吗? 是的. 将 k 换成 $k + 1$, 然后除以 $k + 1$, 得

$$\frac{B_{k+1}(x + 1) - B_{k+1}(x)}{k + 1} = x^k \qquad (6.2)$$

56

式(6.2)对 $k > 0$ 成立. 我们要寻找的多项式是 $p_k(x) = \dfrac{B_{k+1}(x)}{k+1}$.

现在来推导公式 S_k, 即 $1^k + 2^k + \cdots + n^k$ 的和:

$$S_k = \frac{B_{k+1}(n+1) - B_{k+1}(1)}{k+1} \tag{6.3}$$

例如,当 $k = 2$ 时,我们将看到 $B_{k+1}(x) = x^3 - \dfrac{3}{2}x^2 + \dfrac{1}{2}x$, 因此

$$S_2 = \frac{B_3(n+1) - B_3(1)}{3}$$

$$= \frac{(n+1)^3 - \dfrac{3}{2}(n+1)^2 + \dfrac{1}{2}(n+1)}{3} = \frac{n^3}{3} + \frac{n^2}{2} + \frac{n}{6}$$

因此,我们需要弄清这个神秘函数 $B_k(x)$ 是什么,以表明对幂和问题已圆满的解决.

易知函数 $B_k(x)$ 是多项式. 回到式(6.1),将等式两边对 x 微分,右边微分,得

$$\sum_{k=0}^{\infty} B'_k(x) \frac{t^k}{k!}$$

左边微分,得

$$\frac{\partial}{\partial x}\left(\frac{t\mathrm{e}^{tx}}{\mathrm{e}^t - 1}\right) = \frac{t^2 \mathrm{e}^{tx}}{\mathrm{e}^t - 1} = t \sum_{k=0}^{\infty} B_k(x) \frac{t^k}{k!}$$

$$= \sum_{k=0}^{\infty} B_k(x) \frac{t^{k+1}}{k!}$$

$$= \sum_{k=1}^{\infty} B_{k-1}(x) \frac{t^k}{(k-1)!}$$

比较方程左、右两边 t^k 的系数,得

$$\frac{B'_k(x)}{k!} = \frac{B_{k-1}(x)}{(k-1)!}$$

现在将方程左、右两边同乘以 $k!$，得

$$B'_k(x) = kB_{k-1}(x) \qquad (6.4)$$

使用式(6.4)来迭代. 前面已经计算出 $B_0(x)$ 是常数函数 1. 当 $k = 1$ 时，得 $B'_1(x) = B_0(x) = 1$. 我们就能推导出 $B_1(x) = x + C$. 但不知道积分常数(我们很快就能学会)是什么，但习惯上把这个常数记为 B_1(第一个伯努利数)，得 $B_1(x) = x + B_1$. 在式(6.4)中，让 $k = 2 : B'_2(x) = 2x + 2B_1$. 得到 $B_2(x) = x^2 + 2B_1(x) + C$，将积分常数记为 B_2(第二个伯努利数). 如果再做一次，得到 $B'_3(x) = 3x^2 + 6B_1x + 3B_2$，积分得 $B_3(x) = x^3 + 3B_1x^2 + 3B_2x + B_3$，(你猜对了) B_3 为第三个伯努利数. 到目前为止，这种形式中的一部分应该是明确的：每一个函数 $B_k(x)$ 实际上都是次数为 k 的多项式，多项式开始于 x^k 并以常数 B_k 结束. 在两项之间发生了什么也许是神秘的，但可以看到，已经更靠近目标了：我们已经推导出 $B_k(x)$ 是次数为 k 的多项式.

然而，我们还没有结束. 将 $x = 0$ 代入式(6.2)，对 $k > 0$，得 $B_{k+1}(1) - B_{k+1}(0) = 0$. 将结果更明确地表示为

$$B_k(1) = B_k(0) \qquad (如果 k \geqslant 2) \qquad (6.5)$$

现在就能计算伯努利数. 等式 $B_2(1) = B_2(0)$ 表明 $1 + 2B_1 + B_2 = B_2$，即 $B_2 = -\dfrac{1}{2}$，因此，$B_1(x) = x - \dfrac{1}{2}$. 等式 $B_3(1) = B_3(0)$ 告诉我们 $1 + 3B_1 + 3B_2 + B_3 = B_3$，即 $1 - \dfrac{3}{2} + 3B_2 = 0$，可得 $B_2 = \dfrac{1}{6}$. 由此可知，$B_2(x) = x^2 - x + \dfrac{1}{6}$.

还可以继续下去. 但在式(6.1)中至少有一个以上的对称性还没有被挖掘. 我们同时把方程中的 t 换成 $-t$，x 换成 $1 - x$，等式右边变为

$$\sum_{k=0}^{\infty} B_k(1-x) \frac{(-t)^k}{k!} = \sum_{k=0}^{\infty} (-1)^k B_k(1-x) \frac{(t)^k}{k!}$$

式(6.1)左边经历了一个更有趣的变化，即

$$\frac{(-t)\,\mathrm{e}^{(-t)(1-x)}}{\mathrm{e}^{-t}-1} = \frac{t\mathrm{e}^{t(x-1)}}{1-\mathrm{e}^{-t}} = \frac{t\mathrm{e}^{tx}\,\mathrm{e}^{-t}}{1-\mathrm{e}^{-t}}$$

将分子和分母同乘以 e^t,得

$$\sum_{k=0}^{\infty}(-1)^k B_k(1-x)\frac{t^k}{k!} = \frac{t\mathrm{e}^{tx}}{\mathrm{e}^t-1} = \sum_{k=0}^{\infty} B_k(x)\frac{t^k}{k!} \qquad (6.6)$$

现在,式(6.6)告诉我们 $(-1)^k B_k(1-x) = B_k(x)$. 如果代入 $x = 0$,得 $(-1)^k B_k(1) = B_k(0)$. 如果 k 是偶数,这正是式(6.5).但若 k 是奇数并且至少是 3,可导出 $-B_k(1) = B_k(0) = B_k(1)$,这意味着 $B_k(1) = 0$,因此, $B_k(0) = 0$. 换句话说, $B_3 = B_5 = B_7 = \cdots = 0$. 现在计算 $B_3(x)$,因为 $B_3'(x) = 3B_2(x)$ 并且积分常数为 0,从而可得 $B_3(x) = x^3 - \frac{3}{2}x^2 + \frac{1}{2}x$.

我们要牢记每一个伯努利多项式都能通过积分来计算(积分常数由 B_k 定义).根据伯努利数,就得到了一个伯努利多项式的公式:

$$B_k(x) = x^k + \binom{k}{1}B_1 x^{k-1} + \binom{k}{2}B_2 x^{k-2} + \cdots + \binom{k}{k-1}B_{k-1}x + B_k$$

如何才能证明这个公式呢?可使用 k 来归纳.首先,检验 $k = 1$. 左边正好是 $B_1(x)$,而右边是 $x + B_1 = x - \frac{1}{2}$,这与我们先前的计算一致.唯一需要检验的是 $B_k'(x) = kB_{k-1}(x)$. 对等式的右边微分得:

$$B_k'(x) = \left(x^k + \binom{k}{1}B_1 x^{k-1} + \binom{k}{2}B_2 x^{k-2} + \cdots + \binom{k}{k-1}B_{k-1}x + B_k\right)'$$

$$= kx^{k-1} + (k-1)\binom{k}{1}B_1 x^{k-2} + (k-2)\binom{k}{2}B_2 x^{k-3} + \cdots + \binom{k}{k-1}B_{k-1}$$

这里有一个很好的恒等式可以利用:

$$(k-j)\binom{k}{j} = (k-j)\frac{k!}{j!(k-j)!}$$

$$= \frac{k!}{j!(k-j-)!}$$

$$= k \frac{(k-1)!}{j!(k-j-)!}$$

$$= k \binom{k-1}{j}$$

表 6.1 伯努利数

k	0	1	2	4	6	8	10	12	14	16	18
B_k	1	$-\dfrac{1}{2}$	$\dfrac{1}{6}$	$-\dfrac{1}{30}$	$\dfrac{1}{42}$	$-\dfrac{1}{30}$	$\dfrac{5}{66}$	$-\dfrac{691}{2\,730}$	$\dfrac{7}{6}$	$-\dfrac{3\,617}{510}$	$\dfrac{43\,867}{798}$

根据归纳假设,可得

$$B_k'(x) = k\left[x^{k-1} + \binom{k-1}{1} B_1 x^{k-2} + \binom{k-1}{2} B_2 x^{k-3} + \cdots + \binom{k-1}{k-1} B_{k-1} \right]$$

$$= k B_{k-1}(x)$$

现在来推导

$$B_k(x) = x^k + \binom{k}{1} B_1 x^{k-1} + \binom{k}{2} B_2 x^{k-2} + \cdots + \binom{k}{k-1} B_{k-1} x + B_k$$

如果 $k \geqslant 2$,那么 $B_k(1) = B_k(0) = B_k$,令 $x = 1$,并从公式两边减去 B_k,得

$$1 + \binom{k}{1} B_1 + \binom{k}{2} B_2 + \cdots + \binom{k}{k-1} B_{k-1} = 0, \ (k \geqslant 2) \quad (6.7)$$

等式(6.7)实际上是归纳定义和计算伯努利数的标准方法. 从 $k = 2$ 开始,可得 $1 + 2B_1 = 0$,即 $B_1 = -\dfrac{1}{2}$. 接着取 $k = 3$,得 $1 + 3B_1 + 3B_2 = 0$,得 $B_2 = \dfrac{1}{6}$. 继续取 $k = 4$,可得 $1 + 4B_1 + 6B_2 + 4B_3 = 0$,即可得(正如我们所期待的那样) $B_3 = 0$. 只要你愿意,可以继续计算伯努利数. 我们在表 6.1 中列出了其中一部分. 请注意这些值以一种神秘的方式跳跃. 在表 6.2 中,列出了一些多项式 S_k. 记住, $S_k = 1^k + 2^k + 3^k + \cdots + n^k$,彻底探索的动机以及表 6.2 中的多项式均来自式(6.3).

表 6.2 S_k

k	S_k
1	$\dfrac{n(n+1)}{2}$
2	$\dfrac{n(n+1)(2n+1)}{6}$
3	$\dfrac{n^2(n+1)^2}{4}$
4	$\dfrac{n(n+1)(2n+1)(3n^2+3n-1)}{30}$
5	$\dfrac{n^2(n+1)^2(2n^2+2n-1)}{12}$
6	$\dfrac{n(n+1)(2n+1)(3n^4+6n^3-3n+1)}{42}$
7	$\dfrac{n^2(n+1)^2(3n^4+6n^3-n^2-4n+2)}{24}$

我们以一个备注作为结束. 因为伯努利数是伯努利多项式中的常数,在式(6.1)中,令 $x=0$, 得

$$\frac{t}{e^t-1} = \sum_{k=0}^{\infty} B_k \frac{t^k}{k!} = B_0 + B_1 t + B_2 \frac{t^2}{2} + B_3 \frac{t^3}{6} + \cdots$$

现在,使用泰勒级数的理论可以导出:如果 $f(t)=\dfrac{t}{e^t-1}$, 那么 $f^{(k)}(0)=B_k$.

6. 插曲:欧拉-麦克劳林和

这些思想在求近似积分上有很好的应用,反之亦然. 假设 $f(x)$ 是一个任意可微函数. 我们从估计 $\int_0^1 f(x)\mathrm{d}x$ 的值开始. 已知 $B_0(x)=1$, 所以能够把 $B_0(x)$ 作为一个因子放到积分中去. 现在,使用分部积分,令 $u=f(x)$, $\mathrm{d}u=f'(x)\mathrm{d}x$, $\mathrm{d}v=B_0(x)\mathrm{d}x$, 则 $v=B_1(x)$. 记住 $B_1(x)=x-\dfrac{1}{2}$, 因此 $B_1(1)=\dfrac{1}{2}$,

$B_1(0) = -\dfrac{1}{2}$. 可得

$$\int_0^1 f(x)\,\mathrm{d}x = \int_0^1 B_0(x)f(x)\,\mathrm{d}x = B_1(x)f(x)\Big|_0^1 - \int_0^1 B_1(x)f'(x)\,\mathrm{d}x$$

$$= \frac{1}{2}(f(1) + f(0)) - \int_0^1 B_1(x)f'(x)\,\mathrm{d}x$$

请注意,将公式解释为曲线 $y = f(x)$ 下方从 $x = 0$ 到 $x = 1$ 的面积,其近似等于我们的第一个猜测:$x = 0$ 和 $x = 1$ 之间曲线的平均高度,误差由最后一个积分给出.

现在再次使用分部积分,令 $u = f'(x)$,$\mathrm{d}u = f''(x)\,\mathrm{d}x$,$\mathrm{d}v = B_1(x)\,\mathrm{d}x$ 且 $v = \dfrac{B_2(x)}{2}$,得

$$\int_0^1 f(x)\,\mathrm{d}x = \frac{1}{2}(f(1) + f(0)) - \frac{B_2(x)f'(x)}{2}\Big|_0^1 + \int_0^1 \frac{B_2(x)}{2}f''(x)\,\mathrm{d}x$$

因 $B_2(1) = B_2(0) = B_2$,得

$$\int_0^1 f(x)\,\mathrm{d}x = \frac{1}{2}(f(1) + f(0)) - \frac{B_2}{2}(f'(1) - f'(0)) + \int_0^1 \frac{B_2(x)}{2}f''(x)\,\mathrm{d}x$$

在经过更多次分部积分后,我们会明白为什么这是一个好方法. 令 $u = f^{(2)}(x)$,$\mathrm{d}u = f^{(3)}(x)\,\mathrm{d}x$,$\mathrm{d}v = \dfrac{B_2(x)}{2}\,\mathrm{d}x$ 且 $v = \dfrac{B_3(x)}{3!}$. (请记住 $f^{(m)}(x)$ 定义为函数 $f(x)$ 的 m 阶导数.) 因为 $B_3(0) = B_3(1) = 0$,得

$$\int_0^1 f(x)\,\mathrm{d}x = \frac{1}{2}(f(1) + f(0)) - \frac{B_2}{2}(f'(1) - f'(0)) - \int_0^1 \frac{B_3(x)}{3!}f^{(3)}(x)\,\mathrm{d}x$$

再一次使用分部积分,令 $u = f^{(3)}(x)$,$\mathrm{d}u = f^{(4)}(x)\,\mathrm{d}x$,$\mathrm{d}v = \dfrac{B_3(x)}{3!}\,\mathrm{d}x$,且 $v = \dfrac{B_4(x)}{4!}$,因为 $B_4(1) = B_4(0) = B_4$,得

$$\int_0^1 f(x)\,\mathrm{d}x = \frac{1}{2}(f(1) + f(0)) - \frac{B_2}{2}(f'(1) - f'(0)) -$$

$$\frac{B_4(x)}{4!}f^{(3)}(x)\Big|_0^1 + \int_0^1 \frac{B_4(x)}{4!}f^{(4)}(x)\,\mathrm{d}x$$

$$= \frac{1}{2}(f(1) + f(0)) - \frac{B_2}{2}(f'(1) - f'(0)) -$$

$$\frac{B_4}{4!}(f^{(3)}(1) - f^{(3)}(0)) + \int_0^1 \frac{B_4(x)}{4!}f^{(4)}(x)\,\mathrm{d}x$$

经过多次重复后,得

$$\int_0^1 f(x)\,\mathrm{d}x = \frac{1}{2}(f(1) + f(0)) - \sum_{r=1}^k \frac{B_{2r}}{(2r)!}(f^{(2r-1)}(1) - f^{(2r-1)}(0)) +$$

$$\int_0^1 \frac{B_{2k}(x)}{(2k)!}f^{(2k)}(x)\,\mathrm{d}x \tag{6.8}$$

对于许多函数 $f(x)$ 而言,式(6.8)的应用之一是公式右边的积分非常小[因为 $(2k)!$ 会变得非常大],因此,能用右边的其他项来近似左边的积分. 例如,将公式应用于 $f(x) = \cos x$. 在这种情况下,积分值: $\int_0^1 \cos x\,\mathrm{d}x = \sin 1 - \sin 0 \approx 0.8415$. 式(6.8)的右边第一项正好是积分的梯形近似. 它给出了 0.7702. 第二项给出了 $-\frac{B_2}{2}(-\sin 1 + \sin 0) \approx 0.0701$,两项和为 0.8403. 接下来一项给出了 $-\frac{B_4}{24}(\sin 1 - \sin 0) \approx 0.0012$,现在我们就有了近四位小数的正确答案.

一般地,式(6.8)的另一种应用是将积分区间从 $[0,1]$ 到 $[1,2]$ 再到 $[2,3]$ 并一直到 $[n-1,n]$ 移动,然后再把这些得到的结果相加. 除了右边的积分外,其余都容易求和. "主项"再次给出的梯形面积是积分的近似值,其他项都是微小量. 如果我们不管真值并称 $R_k(n)$ 为"余项",可得

$$\int_0^n f(x)\,\mathrm{d}x = \frac{1}{2}f(0) + f(1) + \cdots + f(n-1) + \frac{1}{2}f(n) -$$

$$\sum_{r=1}^{k} \frac{B_{2r}}{(2r)!} (f^{(2r-1)}(n) - f^{(2r-1)}(0)) + R_k(n)$$

含有欧拉-麦克劳林求和公式的微积分教材中包含有在特定情况下估计 $R_k(n)$ 的值.

第二部分

/ 无穷和 /

第7章 无穷级数

从现在开始,假定你已经熟悉微积分中极限的概念.尽管本章的主题是无穷级数,它是无穷多个数或无穷多项的和,我们仍将从一个特殊的有限和开始.

1. 有限的几何级数

如果将 a 的连续的整数次幂相加,就能得到几何级数. 一般地,一个有限的几何级数形如

$$ca^m + ca^{m+1} + \cdots + ca^n$$

其中,常数 a 和 c 非零,整数 $m \leqslant n$,称这个几何级数的"公比为 a". 它有一个非常漂亮的求和公式:

$$ca^m + ca^{m+1} + \cdots + ca^n = \frac{ca^m - ca^{n+1}}{1 - a} \qquad (7.1)$$

记住这个公式的方法是有限的几何级数的和等于首项减去"末项的下一项",然后除以 1 减去公比. 当 $a \neq 1$ 时,这个公式成立. (当 $a = 1$ 时,你不需要任何公式.)

为什么这个公式成立? 假设

$$S = 1 + a^1 + a^2 + \cdots + a^{n-m}$$

那么

$$aS = a^1 + a^2 + a^3 + \cdots + a^{n-m+1}$$

从 S 中减去 aS, 并消去所有同类项, 得

$$S - aS = 1 - a^{n-m+1}$$

把这个等式的左边改写为

$$S - aS = S(1 - a)$$

在上式两边同时除以 $1 - a$, 得

$$1 + a^1 + a^2 + \cdots + a^{n-m} = \frac{1 - a^{n-m+1}}{1 - a} \tag{7.2}$$

两边再同时乘以 ca^m, 即可得式(7.1).

例如, 我们能轻易地求出 2 的连续的非负整数次幂的和:

$$1 + 2 + 4 + 8 + 16 + \cdots + 2^n = \frac{1 - 2^{n+1}}{1 - 2} = 2^{n+1} - 1$$

其和是比 2^n 的下一个方幂少 1. 注意, 这个和随着 n 的增大而增大并且无界.

同样也能轻易地求出 $\frac{1}{2}$ 的连续的正整数次幂的和:

$$\frac{1}{2} + \frac{1}{4} + \cdots + \frac{1}{2^n} = \frac{\frac{1}{2} - \frac{1}{2^{n+1}}}{1 - \frac{1}{2}} = 1 - \frac{1}{2^n}$$

当 n 增加时, 这个和有一个极限, 即 1. 这种极限行为与芝诺的一个悖论有关. 如果你试图离开一个房间, 就必须先走到距门一半的位置, 然后再走剩余一半的距离(即距离门四分之一的距离), 依此类推. 这样, 你永远也不可能离开这个房间. 和式表明当这个"过程"进行了 n "步"后, 你还剩下从开始位置到门距离的 $\frac{1}{2^n}$. 悖论的"解决方案"是, 这是一个无限的过程, 可以通过让 n 达到无穷大来完成, 到那时你会走完全程, 因为 $\lim\limits_{n \to \infty}\left(1 - \frac{1}{2^n}\right) = 1$. (我们并不满意从哲学的角度对这个悖论的解决, 或者说从物理的观点来看, 这个

悖论实际上是有意义的.）

当公比为负时,公式(7.1)仍然有效.一个有趣的例子是 $a=-1$,那么公式为 $1-1+1-1+1-\cdots+(-1)^n=\dfrac{1-(-1)^{n+1}}{1-(-1)}$.当 n 是奇数时,$\dfrac{0}{2}=0$,当 n 是偶数时,$\dfrac{2}{2}=1$.（级数是从指数为 0 开始,请注意 $(-1)^0=1$.）如果 n 现在趋于无穷会出现什么?我们会得到振荡行为.[1]

还没有讨论 a 为复数的情形,但实际上,公式适用于任何不等于 1 的复数.你可以自己试试看.例如,$a=1+i$ 或者 $a=i$.（都试试更好.）

2. 无限的几何级数

现在假设有无穷项相加的一个几何级数.设 a 是一个非零实数,考虑级数

$$1+a+a^2+a^3+\cdots$$

如果要考虑更一般的几何级数,只需乘以一个常数即可.

在式(7.2)中已经看到,当 $m=1$ 时,级数的前 n 项和是

$$s_n=1+a+a^2+a^3+\cdots+a^{n-1}=\frac{1-a^n}{1-a}$$

当绝对值 $|a|$ 小于 1 且 $n\to\infty$ 时,我们立即得到和 s_n 有极限.因为在这种情况下,$\lim\limits_{n\to\infty}a^n=0$,故 $\lim\limits_{n\to\infty}s_n=\dfrac{1}{1-a}$.称几何级数收敛[2]到 $\dfrac{1}{1-a}$.如果 $|a|\geqslant 1$,那么 s_n 没有极限.将该结论总结为下面非常重要的定理.

定理 7.3 当且仅当 $|a|<1$,级数 $1+a+a^2+a^3+\cdots$ 收敛,在收敛的情况下,其和是 $\dfrac{1}{1-a}$.

---

[1] 见导言第 2 节有趣的求和,当 $n\to\infty$ 时,对"出现"什么的不同解释.

[2] 我们称当级数的部分和的序列有极限时,级数收敛.在本章第 6 节会作详细地解释.

思想上有意义的一步是将其反过来考虑. 也就是说,分式 $\dfrac{1}{1-a}$ 能被"展开"成幂级数 $1 + a + a^2 + a^3 + \cdots$. 稍后将通过把 a 替换为一个变量来探索这个反问题.

回到前一节芝诺悖论的例子,可以看到定理 7.1 与我们所说的一致. 因为 $\dfrac{1}{2}$ 的绝对值小于 1, 应用定理可得

$$\frac{1}{2} + \frac{1}{4} + \frac{1}{8} + \cdots = \frac{1}{2}\left(1 + \frac{1}{2} + \left(\frac{1}{2}\right)^2 + \cdots\right) = \frac{1}{2}\left(\frac{1}{1 - \frac{1}{2}}\right) = 1$$

答案 1 表明你确实能走出房间.

另一个例子是众所周知的事实,即无限循环小数 $0.999\,999\cdots$ 等于 1. 人们第一次看到这个断言时常常感到困惑,因为他们可能不明白必须要用极限来给出无限小数的含义. 我们已经看到学生和成年人都拒绝相信这个事实,本质上是因为他们陷入了一种芝诺悖论的怪圈中. 为什么这个事实是真的? 根据小数的定义可知,

$$0.999\,999\cdots = 0.9 + 0.09 + 0.009 + \cdots$$
$$= 0.9\left(1 + \frac{1}{10} + \left(\frac{1}{10}\right)^2 + \cdots\right)$$
$$= (0.9)\,\frac{1}{1 - \frac{1}{10}}$$
$$= (0.9)\left(\frac{10}{9}\right) = 1$$

3. 二项式级数

二项式定理可能是数学中第二个最著名的定理,其名声仅次于毕达哥拉斯定理. 在流行文化中也有涉及,出现在由柯南·道尔爵士所写的"最后一案"中,福尔摩斯说:

莫里亚蒂教授是一个有良好出身和受过最好教育,具有非凡数学天赋的人. 在他 21 岁时,他写了一篇关于二项式定理的论文,该论文曾风靡欧洲. 凭借它的影响力,他在我们的一所较小的大学里赢得了数学教授职位,而且在他看来,这是一个最辉煌的职业.

很难想象莫里亚蒂发现了什么,因为事实上这个原理在道尔开始写福尔摩斯之前就已经很容易理解了.

如果 n 是一个正整数,在许多古典文献中都独立地记载了 $(1+x)^n$ 的展开式:

$$(1+x)^n = 1 + \binom{n}{1}x + \binom{n}{2}x^2 + \cdots + \binom{n}{n}x^n$$

这个公式通常会教给高中生,我们已在第 6 章中使用过它. 牛顿将公式做了进一步推广,其中指数 n 可以用任何实数代替. $\binom{n}{r}$ 称为**二项式系数**. 其定义为

$$\binom{n}{r} = \frac{n!}{r!(n-r)!} \qquad (7.4)$$

这里的 r 和 n 都是非负整数,并且 $0 \leq r \leq n$. (记住 0! 定义为 1,这样就可以在 $r=0$ 或者 $r=n$ 时定义二项式系数.)

有趣的问题是将 $\binom{n}{r}$ 的定义中的 n 替换成任意实数 α. 这种推广很容易解释,尽管发现它需要有相当大的洞察力. 通过消去分子与分母的因子可以重新改写式(7.4)并得到

$$\binom{n}{r} = \frac{n!}{r!(n-r)!}$$
$$= \frac{n(n-1)(n-2)\cdots(n-r+1)(n-r)!}{r!(n-r)!}$$
$$= \frac{n(n-1)(n-2)\cdots(n-r+1)}{r!}$$

现在来做推广. 如果 α 是任意实数并且 r 是任意正整数,定义

$$\binom{\alpha}{r} = \frac{\alpha(\alpha - 1)(\alpha - 2)\cdots(\alpha - r + 1)}{r!}$$

例如,

$$\binom{\frac{1}{3}}{4} = \frac{\left(\frac{1}{3}\right) \cdot \left(-\frac{2}{3}\right) \cdot \left(-\frac{5}{3}\right) \cdot \left(-\frac{8}{3}\right)}{24} = -\frac{10}{243}$$

我们拓展定义 $\binom{\alpha}{0}$ 是 1,如同 $\binom{n}{0} = 1$ 一样.

根据这一定义,立即可得以下推广形式:

定理 7.5 如果 $|x| < 1$ 且 α 是任意实数,那么

$$(1 + x)^{\alpha} = 1 + \binom{\alpha}{1}x + \binom{\alpha}{2}x^2 + \binom{\alpha}{3}x^3 + \binom{\alpha}{4}x^4 + \cdots$$

$$= 1 + \alpha x + \frac{\alpha(\alpha - 1)}{2}x^2 + \frac{\alpha(\alpha - 1)(\alpha - 2)}{6}x^3 +$$

$$\frac{\alpha(\alpha - 1)(\alpha - 2)(\alpha - 3)}{24}x^4 + \cdots \qquad (7.6)$$

例如,

$$(1 + x)^{\frac{1}{3}} = 1 + \frac{1}{3}x - \frac{1}{9}x^2 + \frac{5}{81}x^3 - \frac{10}{243}x^4 + \cdots \qquad (7.7)$$

注意到定理 7.5 是定理 7.3 的推广. 从 $(1 + x)^{\alpha}$ 入手,用 $-a$ 替换 x 并令 $\alpha = -1$,我们就得到无穷几何级数的另一个公式:

$$(1 - a)^{-1} = 1 - \binom{-1}{1}a + \binom{-1}{2}a^2 - \binom{-1}{3}a^3 + \cdots$$

由此可以确信 $\binom{-1}{r} = (-1)^r$,从而证明二项式定理与无穷几何级数的求和

公式是一致的.

4. 复数与函数

当允许使用复数时,理论就变得更有趣了. 按照顺序,我们先对复数的基本事实作简要回顾. 通常,使用 x 和 y 表示平面上的笛卡儿坐标,因此 x 和 y 是任意实数. 由此可以画出如图 7.1 所示的坐标系.

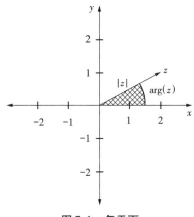

图 7.1　复平面

我们可以用复平面来解释这幅图. 传统方式下,用 z 表示一般的复变量,并将它记为 $z = x + iy$. 因此 x 是 z 的**实部**,y 是 z 的**虚部**. 分别记为 $x = \mathrm{Re}(z)$ 和 $y = \mathrm{lm}(z)$. 复数与复平面几何在许多教科书中都有讨论. 你也可以利用阿什和格罗斯(2006,第 5 章;2012,第 2 章,第 4 节)的著作来复习这些内容. 另外,Mazur 写了一本(Mazur, 2003)关于复数哲学和诗的书,非常有趣.

复数 $z = x + iy$ 是"恒等"于平面上的笛卡儿坐标 (x, y),复数 z 的**模**(也称为绝对值),记为 $|z|$ 它等于 $\sqrt{x^2 + y^2}$ (为了方便,正数的平方根符号表示正的平方根). 它与平面上从 z 到 $0 = 0 + 0i$ 的距离一致. 如果从 0 到 z 画一条线段,并注意到从 x-轴正半轴逆时针转动到该线段所成的角,那么这个角(用弧度制)称为 z 的辐角,记为 $\arg(z)$. 正切的定义告诉我们 $\tan(\arg(z)) = \dfrac{y}{x}$,因此,0 的辐角没有定义.

复数 z 的模总是一个非负实数,如果 $z \neq 0$,它总是正数. 为了方便,通常取 z 的辐角为非负且小于 2π,容易看出任意一个复数由它的模与辐角决定(或者,当复数为 0 时,我们只需要知道它的模). 模与辐角的组合给出了 z 的另一种坐标,称为**极坐标**. 模与辐角在乘法运算下具有很好的性质:对任意两个复数 z 和 w,$|zw| = |z| \cdot |w|$ 并且 $\arg(zw) \equiv \arg(z) + \arg(w) \pmod{2\pi}$. (这里扩展了同余的概念. 记号 $a \equiv b \pmod{2\pi}$ 表示 $\dfrac{b-a}{2\pi}$ 是整数.)

我们把整个复平面称为 C,它也是复数域. 两种不同的叫法不会招致麻烦,因为每个复数 $z = x + iy$ 与平面上的坐标点 (x, y) 是"等同"的.

现在有了复平面 C 的定义,就可以考虑函数 $f: C \to C$,它将复数作为输入与输出. 通常,我们需要函数 $f: A \to C$,它仅在 C 的子集 A 上有定义. 在本书中,总是要求 A 是一个"开集".

定义 复平面上的一个开集是指具有如下性质的平面点集 Ω:如果 Ω 包含一点 a,那么 Ω 也包含以 a 为圆心的某个开圆盘,其半径可能很小.

特别地,整个复平面是一个开集. 开集的其他重要例子有开单位圆盘 Δ^0 和上半平面 H,稍后将给出两者的定义.

有一类非常重要的复函数,称为"解析函数".

定义 若 Ω 是一个开集且函数 $f: \Omega \to C$,如果 $f(z)$ 在 Ω 的任意点处关于 z 可微,那么就称 $f(z)$ 是 Ω 上的关于 z 的**解析函数**. 即极限

$$\lim_{h \to 0} \frac{f(z_0 + h) - f(z_0)}{h}$$

对任意 $z_0 \in \Omega$ 都存在. 当这个极限存在时,称 $f(z)$ 在 $z = z_0$ **复可微**,并且把这个极限称为复导数 $f'(z_0)$. 而且,对任意取定的 z_0,不管复数 h 以何种方式趋于 0,此处均要求具有相同的极限. (在复平面上,h 趋于 0 有许多不同的方向,在任意方向这个极限都要相同.)

例如,关于 z 的任意多项式都在整个复平面上解析,并且有定理(见本章

第8节)表明关于 z 的任意幂级数在收敛域都是解析的. 解析是对函数的一个相当严格的要求.

5. 无穷几何级数续

回到公比为 a 的无穷几何级数,并且 a 在复数集 $\mathbf{C}$ 上变化. 将 a 作为一个复变量,通常用字母 z 表示. 定义 Δ^0 为模 < 1 的所有复数的集合:

$$\Delta^0 = \left\{ z = x + \mathrm{i}y \mid x^2 + y^2 < 1 \right\}$$

称 Δ^0 为开圆盘. 有一个极其重要的发现能够从实值过渡到复值. 如果 $|z| < 1$(也就是说,如果 z 是 Δ^0 中的元),那么 $\lim\limits_{k \to 0} z^k = 0$. (快速证明:如果 $|z| < 1$,那么 $\lim\limits_{k \to 0} |z|^k = 0$,它意味着 $\lim\limits_{k \to 0} z^k = 0$.) 现在将定理 7.3 重新叙述为:

定理 7.8 函数 $\dfrac{1}{1-z}$ 在开单位圆盘上能展开成无穷几何级数

$1 + z + z^2 + \cdots$. 也就是说,对任意满足 $|z| < 1$ 的复数 z,总有

$$\frac{1}{1-z} = 1 + z + z^2 + \cdots$$

将其称为"无穷几何级数公式".

看起来似乎没说什么新鲜事. 事实上,的确如此. 但从理论上讲,我们现在讨论的是关于 z 的两个函数在某个区域中对每个 z 都相等. 这个公式值得用微积分来证明. 注意到右边看起来是 $z = 0$ 附近的泰勒展开式. 如果公式正确,它应该是左边的泰勒级数.

定义域中包含 0 的复解析函数 $f(z)$ 在 $z = 0$ 处的泰勒级数的展开方式与实变量的情形一样. (如果复数的存在让你感到困扰,只需将 z 换为 x,并按通常的方法求泰勒级数的导数.) $f(z)$ 在 $z = 0$ 处的泰勒级数是

$$a_0 + a_1 z + a_2 z^2 + \cdots$$

这里,$a_0 = f(0)$,$a_1 = f'(0)$,$a_2 = \dfrac{1}{2!}f''(0)$,$\cdots$,$a_n = \dfrac{1}{n!}f^{(n)}(0)$,$\cdots$. 其中,

$f^{(n)}(z)$ 是 f 关于 z 的 n 阶复导数.

通过链式法则与幂规律,可以得到如下函数的各阶导数

$$f(z) = \frac{1}{1-z} = (1-z)^{-1}$$

得

$$f'(z) = (1-z)^{-2}$$
$$f''(z) = 2(1-z)^{-3}$$

依此类推. 可得

$$f^{(n)}(z) = (n!)(1-z)^{-n-1}$$

将 $z = 0$ 代入上式就得到一般公式(非常好的公式)

$$f^{(n)}(0) = n!$$

它对所有 n 成立. 这表明 $f(z)$ 的泰勒系数 a_n 都等于 1. 我们再次证明了定义在 Δ^0 内的无穷几何级数公式.

这种证明方法还可以推广到证明(7.6)的无穷二项式级数.

6. 无穷和的例子

现在考虑比上面几何级数更一般的无穷和. 从通常的定义开始:一个无穷级数是无穷多项的和,即

$$a_1 + a_2 + a_3 + \cdots$$

如果"部分和" $a_1 + a_2 + a_3 + \cdots + a_n$ 当 $n \to \infty$ 时趋于极限 L,则称级数收敛. 并称它收敛到 L,或者有极限 L. (记住,随着 n 变大,收敛于 L 意味着该部分和越来越靠近 L,并且随着 N 变大,可以任意接近 L.) 根据收敛的定义,可以得出如果无穷级数收敛,它的通项当 n 趋于无穷时,a_n 必趋于零——否则,

随着某点的不断移动[1]，部分和不会像收敛那样与 L 任意接近.

这里有一些收敛的无穷级数的例子. 第一个是任意一个无限小数. 正如写成十进制的整数是隐藏在加法中的问题一样(见第 5 章第 1 节)，任意一个无限小数也是无穷级数.

例如，根据十进制的记数法的定义，

$$1.234\,61\cdots = 1 + (2 \times 10^{-1}) + (3 \times 10^{-2}) + (4 \times 10^{-3}) +$$
$$(6 \times 10^{-4}) + (1 \times 10^{-5}) + \cdots$$

怎样才能知道这个级数收敛? 如果想把部分和的极限值保持在 10^{-14} 以内，我们至少需要取前 16 项. 因为剩余的项加起来小于或等于 $0.999\,999\cdots \times 10^{-15} = 10^{-15}$，这样可以确保小于 10^{-14}.（极限存在的事实归因于实数的"完备性公理"，它可以从本质上断言实直线上没有"洞".）

一个小数是循环小数当且仅当它是两个整数的比值(也就是说，它是"有理数"). 此结论在涉及无限小数的几乎所有的教科书中被广泛证明过，我们将用它来处理无限小数. 先复习它的证明. 假设实数 b 代表一个无限循环小数，并且循环部分的长度为 k. 选择合适的整数 e，然后用 10^e 乘以 b 后使小数点重新移动到循环起点，并且用 10^f 乘以 b，其中 $f = e + k$，它将小数点移到第一次重复的地方. 因此，存在非负整数 $e < f$，使得

$$10^e b - 10^f b = s$$

是整数. 因此，$b = \dfrac{s}{10^e - 10^f}$ 是有理数.

例如，设

---

[1] 但是，当 n 趋于无穷时，a_n 趋于零不是收敛的充分条件. 最著名的例子是"调和级数" $\dfrac{1}{2} + \dfrac{1}{3} + \dfrac{1}{4} + \dfrac{1}{5} + \cdots$，它的部分和能大于任何规定的数. $\dfrac{1}{2} + \dfrac{1}{3} + \dfrac{1}{4} + \dfrac{1}{5} + \dfrac{1}{6} + \dfrac{1}{7} + \dfrac{1}{8} + \cdots > \dfrac{1}{2} + \left(\dfrac{1}{4} + \dfrac{1}{4}\right) + \left(\dfrac{1}{8} + \dfrac{1}{8} + \dfrac{1}{8} + \dfrac{1}{8}\right) + \cdots > \dfrac{1}{2} + \dfrac{1}{2} + \dfrac{1}{2} + \cdots$，容易看出它是无限大的.

$$x = 1.153\,232\,323\cdots$$

那么

$$100x = 115.323\,232\,3\cdots \qquad (7.9)$$

并且

$$10\,000x = 11\,532.323\,23\cdots \qquad (7.10)$$

用式(7.10)减去式(7.9),消去两个小数的尾巴,从而

$$10\,000\,x - 100\,x = 11\,532 - 115 = 11\,417$$

可得

$$x = \frac{11\,417}{9\,900}$$

反之,给定一个有理数 $\frac{s}{t}$,只需做 s 除以 t 的长除法. 在任意一步,余数只有 $t-1$ 种可能,因此最终余数必定会重复. 这意味着商的数字也在重复,你最终会得到重复的小数.

收敛无穷级数的第二个例子是公比为 z 的无穷几何级数:

$$1 + z + z^2 + z^3 + \cdots$$

如果 $|z| < 1$,这个级数收敛于 $\frac{1}{1-z}$.

这两个例子在无限小数的情况下是一致的. 例如,1.111 111 11⋯. 这是一个首项为1,公比为 $\frac{1}{10}$ 的无穷几何级数:$1.111\,111\,11\cdots = 1 + \frac{1}{10} + \frac{1}{10^2} + \frac{1}{10^3} + \cdots$. 在这种情形下,无穷几何级数的求和公式给出了 $\dfrac{1}{1-\dfrac{1}{10}} = \dfrac{1}{\dfrac{9}{10}} = \dfrac{10}{9}$.

7. e, e^x 和 e^z

无穷级数可以用来定义数 e 以及指数函数 e^x. 我们现在就来做这件事. e 是一个近似等于 $2.718\,281\,828$ 的无理数. 它被定义为下面无穷级数的极限

$$1 + \frac{1}{1!} + \frac{1}{2!} + \frac{1}{3!} + \frac{1}{4!} + \cdots$$

这个数出现在初等微积分中, 并且隐含于三角学中. 它出现在微积分中是因为函数 e^x 的特殊性质.

回顾 e^x 的一种定义, 对任意实数 x, 我们以整数开始:

- $e^0 = 1$.

- 若 n 为正整数, $e^n = \overbrace{e \cdot e \cdot \cdots \cdot e}^{n}$.

- 若 n 为正整数, $e^{-n} = \dfrac{1}{e^n}$.

对任意整数 n, 这些公式定义了 e^n. 如果 m 是一个正整数, 那么定义 $e^{\frac{1}{m}}$ 为一个正数, 它的 m 次方是 e. 如果 $n \neq 0$ 并且 $m > 0$, 令 $e^{\frac{n}{m}} = (e^{\frac{1}{m}})^n$. 现在对任意有理数 x, e^x 有定义. 你可以看到 e^x 总是正的, 不可能为负或零.

最后, 如果 x 是一个无理数, 寻找一个逐渐逼近 x 的有理数序列 r_k, 满足 $\lim\limits_{k \to \infty} r_k = x$, 然后定义 $e^x = \lim\limits_{k \to \infty} e^{r_k}$. 你可以检查上述极限存在且不依赖于序列 r_k 的选择. 所有这些在分析学的教科书中都能查到. 在微积分课上, 你学习了 e^x 的导数就是它本身:

$$\frac{\mathrm{d}}{\mathrm{d}x}(e^x) = e^x$$

事实上, e^x 是唯一满足 $f'(x) = f(x)$ 和 $f(0) = 1$ 的函数 $f(x)$. e^x 的微分性质使得 e 是一个重要的数, 并且函数 e^x (称为 "指数函数") 也是一个重要的函数.

关于 e, 有人完全可以写一本书, 如 Maor(2009). 函数 e^x 的反函数被称

为自然对数函数,通常将其记作 $\log x$.

顺便说一句,在 e^x 的定义中,从整数指数开始再到所有实数,把 e 换成任何正数 a,我们的做法仍然成立.(a 为负数不行,是因为负数在实指数的运算中没有平方根.)以类似的方式定义 a^x,它几乎满足与前面的 e^x 一样的微分方程. 但这里会有一个常数:

$$\frac{\mathrm{d}}{\mathrm{d}x}(a^x) = ca^x$$

常数 c 依赖于 a. 事实上,$c = \log a$.

我们需要对 e^z 给出定义,这里的 $z = x + iy$ 是任意复数. 因此,把 e^z 看成 C 上的函数. 定义 e^{x+iy} 的最好办法是利用微积分中已证明的 e^x 能由 $x = 0$ 附近的收敛的泰勒级数表示:

$$e^x = 1 + \frac{x}{1!} + \frac{x^2}{2!} + \frac{x^3}{3!} + \frac{x^4}{4!} + \cdots$$

如果你还记得泰勒级数,这很容易从前面 e^x 的微分方程中导出,e^x 的任意阶导数还是 e^x. 因此,任意阶导数在 $x = 0$ 的值是 1. 在每个泰勒级数中,分母中的阶乘是固定不变的.

因为这些阶乘,级数对每个 x 均收敛. 我们通过这个级数定义 e^x,并将用它来定义 e^z. 如果将复数 z 代入级数,就有定义

$$e^z = 1 + \frac{z}{1!} + \frac{z^2}{2!} + \frac{z^2}{3!} + \frac{z^4}{4!} + \cdots \tag{7.11}$$

这意味着:将任意复数 z 代入等式的右边,你就得到了一个极限是复数的收敛级数,这一极限值正是 e^z 的定义. 因此,定义 e 的复指数,这可能开始看起来很奇怪,但不是一个问题.

8. 幂级数

式(7.11)是幂级数中的一个特殊例子,现在叙述更一般的情形. 如果把系数放在几何级数各项的前面,并且令公比是变量而不是一个固定的数,就

得到幂级数:

$$a_0 + a_1 z + a_2 z^2 + a_3 z^3 + \cdots$$

这里假设 $a_0, a_1, a_2, \cdots$ 是任意复数,我们把该级数看作关于变量 z 的函数. 在更一般的情形,设 c 为某个确定的复数,然后研究级数

$$a_0 + a_1 (z - c) + a_2 (z - c)^2 + a_3 (z - c)^3 + \cdots$$

同样地,z 为复变量.

有时把幂级数看作具有无限次数的多项式是很有益的. 实际上,只要作适当的修改,多项式的许多性质对于幂级数也成立.

证明幂级数具有收敛半径 R 并不难,它的意思是:

- 若 $R = 0$,只有 $z - c = 0$ 时,级数收敛,或者,等价地,$z = c$.
- 若 R 是正数,对满足 $|z - c| < R$ 的 z,级数收敛. 对满足 $|z - c| > R$ 的 z,级数不收敛.
- 允许 R 为 ∞,简单地说,就是对任意复数 z,级数收敛.

我们没有讨论当 $|z - c| = R$ 时会发生什么. 实际上,答案的关键主要取决于 z 的值和系数 a_i,而且很难判定.

如果收敛半径 R 不是 0,那么级数在以 c 为中心、R 为半径的圆盘内定义了一个函数 $f(z)$. 在这种情况下,幂级数实际上就是 $f(z)$ 关于 c 的泰勒级数,并且把这个圆盘称为"z 关于 c 的收敛圆盘".

下面是复分析中的一个重要定理:

定理 7.12　给定 $\mathbf{C}$ 上一个开集 Ω 和函数 $f: \Omega \to \mathbf{C}$,f 解析当且仅当对 Ω 中的每个 c,$f(z)$ 关于 c 的泰勒级数有正的收敛半径,并且在收敛圆盘与 Ω 相交的任何点处均收敛于 $f(z)$.

这个定理有两个重要结果. 首先,由具有正的收敛半径的收敛幂级数定义的函数自然是解析函数. 其次,任意一个解析函数 $f(z)$ 对所有正整数 k 都自动具有高阶导数 $f^{(k)}(z)$.

幂级数为我们提供了一种灵活的研究函数起码是解析函数的方法. 前面已经知道 $\dfrac{1}{1-z}$ 在开单位圆盘 Δ^0 上是解析的——或者,换句话说,几何级数的收敛半径为 1. 另一个解析函数的例子是指数函数 e^z. 在式(7.11)中已见过它的泰勒级数:

$$e^z = 1 + \frac{z}{1!} + \frac{z^2}{2!} + \cdots + \frac{z^n}{n!} + \cdots$$

此级数的收敛半径为无穷.

我们可以对幂级数进行微分和积分,并且微分和积分之后得到的两个幂级数与原来的幂级数有相同的收敛半径. 例如,级数

$$\frac{1}{1-z} = 1 + z + z^2 + z^3 + \cdots$$

从 $z=0$ 到 $z=w$ 积分得

$$-\log(1-w) = w + \frac{1}{2}w^2 + \frac{1}{3}w^3 + \frac{1}{4}w^4 + \cdots$$

这个等式定义了一个以 1 为心的单位开盘圆内的解析函数,它是对数函数的一个分支.（关于对数函数的分支的概念,参见第 10 章的介绍）.

把 z 替换为一个函数是使用幂级数的另一个灵活之处. 假设解析函数

$$f(z) = a_0 + a_1 z + a_2 z^2 + a_3 z^3 + \cdots$$

其收敛半径为 R, 设 w 是在某个开集 S 中变化,并且假设 g 是 S 上的复值函数,对 S 中的任意 w,适合 $|g(w)| < R$. 那么可用 $g(w)$ 代替 z 并得到关于 w 的一个新函数:

$$f(g(w)) = a_0 + a_1 g(w) + a_2 g(w)^2 + a_3 g(w)^3 + \cdots$$

新函数称为"f 和 g 的复合". 如果 $g(w)$ 是解析的,那么 $f(g(w))$ 也是. 如果知道 $f'(z)$ 和 $g'(w)$,那么微积分中的链式法则将告诉你如何求 $f(g(w))$ 的复导数,即

$$\frac{\mathrm{d}}{\mathrm{d}w}f(g(w)) = f'(g(w))g'(w)$$

你可以凭想象写出 $g(w)$ 的幂级数,再将式中任何地方出现的 $g(w)$ 及其平方、立方等所有项按 w 的次方进行合并,就可得到 $f(g(w))$ 的泰勒级数. 你可以想象一下,但不需要花费你的一生去做这件事,因为你不可能完全写出来. 有时,不必做这种烦琐的工作也能把关于 w 的幂级数系数确定出来.

例如,如果 $f(z) = z^3$ 并且 $g(w) = (1+w)^{\frac{1}{3}}$,那么 $f(g(w)) = 1+w$. 让我们用较难的办法验证这一事实. 从式(7.7)中可知

$$(1+w)^{\frac{1}{3}} = 1 + \frac{1}{3}w - \frac{1}{9}w^2 + \frac{5}{81}w^3 - \frac{10}{243}w^4 + \cdots \qquad (7.13)$$

从式(7.13)右边连续不断地取更多的项,其立方之后是递增的逼近 $1+w$:

$$\left(1 + \frac{1}{3}w\right)^3 = 1 + w + \frac{1}{3}w^2 + \cdots$$

$$\left(1 + \frac{1}{3}w - \frac{1}{9}w^2\right)^3 = 1 + w - \frac{5}{27}w^3 + \cdots$$

$$\left(1 + \frac{1}{3}w - \frac{1}{9}w^2 + \frac{5}{81}w^3\right)^3 = 1 + w + \frac{10}{81}w^4 - \cdots$$

$$\left(1 + \frac{1}{3}w - \frac{1}{9}w^2 + \frac{5}{81}w^3 - \frac{10}{243}w^4\right)^3 = 1 + w - \frac{22}{243}w^5 + \cdots$$

再举一个例子,如果 $f(z) = e^z$ 且 $g(w) = -\log(1-w)$,将 g 的级数代入 f 的级数中,即得到级数 $1 + w + w^2 + w^3 + \cdots$. 也就是说,正好得到几何级数. 换种说法是

$$e^{-\log(1-w)} = \frac{1}{1-w}$$

这表明指数与对数互为反函数,在微积分中我们已经知道这些事实. 如果你愿意的话,可以试着将一个幂级数代入另一个幂级数,通过收集前几项来检验所做的断言.

9. 解析延拓

幂级数的一个重要用途是定义解析函数的解析延拓. 例如, 对数函数实际上可以被定义为更大区域中的解析函数, 而不只是在 1 附近的开单位圆盘上. 在阿什和格罗斯的著作(2012)中我们讨论过这一话题. 这里作一个简短的回顾.

在复半面 $\mathbf{C}$ 上, 圆盘并不是点集的全部形状. 可以有看起来如图 7.2 所示的那种开集 A 并且有函数 $f: A \to \mathbf{C}$. 由定理 7.12 知, f 解析对 A 中的每个点 a 都有一个以 a 为中心且含于 A 的开圆盘 D, 使得 f 在 D 内由收敛的幂级数表示(也就是泰勒级数).

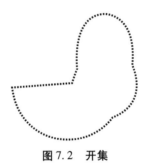

图 7.2　开集

现在, 设函数 $f: A \to \mathbf{C}$, 并假设它解析. 对它在 A 中各个点的泰勒级数, 我们能知道些什么? 这些不同级数之间的相互关系又如何? 对某个特定的函数 f, 关于泰勒级数的这些问题很难回答. 然而, 在下一段中, 至少我们可以想象从理论上该如何回答.

如果 a 是 A 中的一点, 那么将有以 a 为中心且含于 A 的最大开圆盘 U(见图 7.3). 由定理 7.2 可知, f 在 a 点的泰勒级数实际上在 U 中都收敛. 我们要问有没有可能在以 a 为中心的更大圆盘内收敛? 即这个泰勒级数的收敛半径比 U 的半径大吗? 也许是. 如果是这样, 可以增大 A, 让它包含这个更大的开圆盘. 对函数 f, 就得到了一个更大的区域 A'. 继续这样下去, 在 A' 中另找一点 a', 并得到越来越大的区域 A'', A''', 这样一直做下去, 保证延拓之后的 f 在整个区域上解析.

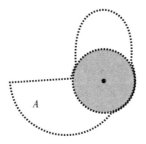

图 7.3　中心在 A 的最大开圆盘

用这种方法,就得到了一个最大区域 M 使得 f 在其上有定义. 这里有一个我们没有提及的问题. 可能不存在单个的自然最大域. 因为你可能沿着圆周移动,当走了一圈回到起点时,你会发现,f 的值可能不等于它的初始值,这种现象称为**单值性**. 为了处理这个问题,你必须离开平面,并把经过的圆盘一起放入某个抽象的空间. 那么,你就得到了一个自然的最大区域,称为 f 的**黎曼面**.

将 f 延拓到它的最大区域的过程称为"解析开拓". 关键点是 f 在 M 中的任意点处的值是由以出发点 a 为中心的泰勒级数决定的.

一个很好的例子是 Γ 函数,我们将在以后的章节中再次遇到. 对于一个实部 $\mathrm{Re}(z)$ 足够大的复数 z,可通过下面的公式来定义 $\Gamma(z)$,

$$\Gamma(z) = \int_0^\infty \mathrm{e}^{-t} t^{z-1} \mathrm{d}t$$

$\mathrm{Re}(z)$ 很大的条件保证了上述积分收敛.

使用分部积分不难验证

$$\Gamma(z+1) = z\Gamma(z)$$

如果开始时 z 在左边,可用等式 $\Gamma(z) = \dfrac{\Gamma(z+1)}{z}$ 来定义 $\Gamma(z)$. 重复使用公式可以计算除了 $z = 0, -1, -2, -3, \cdots$ 之外的任何 z 的值. [为了定义 $\Gamma(0)$,必须除以 0,并且只要 $\Gamma(0)$ 无定义,就没有办法对任意的负整数定义 $\Gamma(n)$.]我们将 Γ 函数解析延拓到除去非正整数的整个复平面.

下面是另一个例子. 用 e^z 去定义 n^s,其中,n 是正实数而 s 是复变量. (出于某种传统上的原因,这里使用字母"s".)

定义 $n^s = e^{s\log n}$. 注意 $\log n$ 表示以 e 为底 n 的对数.

前面提到的链式法则对解析函数也成立. 也就是说, 解析函数复合后也是解析的, 并且可以由通常的链式法则去求复合函数的复导数. 因此, n^s 是**整函数**(也就是说, 对所有 s 解析). 构造和式

$$Z_k(s) = \frac{1}{1^s} + \frac{1}{2^s} + \frac{1}{3^s} + \cdots + \frac{1}{k^s}$$

(当然, $\frac{1}{1^s}$ 正好是常数函数 1, 将其写成这种形式是为了保证形式的统一.)

由于 $Z_k(s)$ 是有限个解析函数的和, 所以它解析. 但无穷多个解析函数之和并不总是解析的. 事实上, 如果无穷和不收敛, 它是否定义了一个函数都不清楚. 然而, 取任意一个开集 A, 只要它满足: 在 A 上, s 的实部大于 1, 而不论虚部如何[1], 则当 $k \to \infty$ 时, 对 A 中的每一个 s, 当 $k \to \infty$ 时, $Z_k(s)$ 的极限存在并在 A 中定义了一个解析函数. 称这个极限函数为 $\xi(s)$, 即黎曼 ξ-函数:

$$\xi(s) = \frac{1}{1^s} + \frac{1}{2^s} + \frac{1}{3^s} + \cdots$$

到目前为止, 我们还没有作任何解析延拓. 事实上, 可以作解析延拓, 并且 $\xi(s)$ 的最大解析区域是 $A = \mathbf{C} - \{1\}$, 即除 1 的整个复平面. 黎曼猜想表明对满足 $\xi(x + iy) = 0$(这里我们讨论的是延拓后的函数)的任意值 $s = x + iy$, 要么有 $y = 0$ 且 x 是负的偶整数, 要么 $x = \frac{1}{2}$. (Titchmarsh, 1986.)到目前为止, 还没有人能证明黎曼猜想, 这可能是目前数学中最著名的未解决的问题.

黎曼猜想如此难以证明或否定的原因是解析延拓的神秘性. 函数 $\xi(s)$ 由一个包含 $s = 2$ 的小圆盘内的所有 $s \neq 0$ 决定, 但究竟是怎样决定的, 人们

---

[1] 例如, 以 $r+1$ 为中心, 半径为 r 的开圆盘, 或者 s 的实部介于 1 与 $B > 1$ 之间的开的条形区域, 或者 $\text{Re}(s) > 1$ 的最大的"右半 s-平面".

尚不清楚.

　　作为本章的最后一个例子,我们来看下变形后的 ζ- 函数. 在每一项前插入系数,从几何级数就过渡到幂级数. 通过这种想法来处理黎曼 ξ- 函数并定义级数

$$a_1 \frac{1}{1^s} + a_2 \frac{1}{2^s} + a_3 \frac{1}{3^s} + \cdots$$

这里的 a_i 是复数,即所谓的狄利克雷级数. 如果 a_i 的模不是太大,当变量 s 限制在某个右半平面 A 时,这个级数将会收敛到一个解析函数. 如果系数在某种意义上是"连贯的",这个在 A 上定义的函数就可以解析延拓到更大的区域,有时是整个复平面 $\mathbf{C}$. 当系数来源于一些数论问题时,这种神秘的连贯性会经常出现. 我们将在第 16 章看到这方面的例子.

第 8 章　特征表

在本章中将介绍或回顾一些重要的数、数集和函数,供后面章节使用. 首先讨论复数的一个重要子集,以及关于 e^z 的更多结果. 在接触模形式之前,我们实际上不需要模形式 q,但其定义恰好适合这一章.

1. H

在模形式的研究中,$\mathbf{C}$ 的各种子集起着重要的作用. 其中,最重要的是"上半平面",通常用字母"$\mathbf{H}$"的某种形式表示. 在本书中,我们将使用 H,它是非常重要的定义:

$$H = \{\text{虚部为正的复数集}\}$$

它表示如图 8.1 所示的阴影部分. 你能明白为什么 H 是一个开集吗?

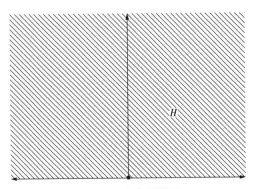

图 8.1　上半平面 H

上半平面 H 也是非欧几何的天然模型,它在 19 世纪被发现,在非欧几何中被称为双曲平面. 在非欧几何学中,两个点之间的非欧直线是指连接这两个点且与实轴呈直角的圆弧. 这里只有一个特例: 如果两个点具有相同的实部, 那么它们之间的非欧直线就是连接它们的普通垂线, 如图 11.3 所示. 当然, 我们仅取圆周或直线位于 H 上的部分——仅就 H 而言, 在 $\mathbf{C}$ 上的其余部分被"限制"使用. 第 11 章将简要探讨非欧几何.

事实上, 将复变量 z 限制在 H 上取值所得到的函数更符合我们的意图, 而不是取遍所有的复数.

2. e^z 续

我们需要更多关于复指数函数 e^z 的性质. 利用式(7.11)中 e^z 的泰勒级数来检验指数函数的一些重要性质并不难. 首先, 如果 z 和 w 是任意两个复数, 并且 n 是任意整数, 那么

$$e^{z+w} = e^z e^w \tag{8.1}$$
$$(e^z)^n = e^{nz}$$

其次, 令 $z = iy$ 是纯虚数. 那么 z 的偶次幂是实数, z 的奇次幂是纯虚数. 把 e^z 定义式右边的实部和虚部从幂级数中分开, 将得到余弦和正弦函数的幂级数, 正如分别给出它们的泰勒级数一样. 这说明对于任何实数 y

$$e^{iy} = \cos(y) + i\sin(y) \tag{8.2}$$

这是一个完美的公式.[1] 如果令 $y = \pi$ 或 2π, 就得到著名的公式

$$e^{\pi i} = -1$$
$$e^{2\pi i} = 1$$

我们将在下一节中使用它们. 另外, 注意到因为勾股定理意味着 $\cos^2(y) + \sin^2(y) = 1$, 故知模 $|e^{iy}| = 1$.

结合式(8.1)与式(8.2), 得

---

[1]　我们不是唯一持此看法的人, 参见 Nahin(2011).

$$e^{x+iy} = e^x e^{iy} = e^x(\cos(y) + i\sin(y))$$

这就是为什么说指数函数隐藏在三角学后面.

现在你可以看到,用极坐标画 e^{x+iy} 时,模 $|e^{x+iy}| = |e^x| |e^{iy}| = |e^x| |\cos(y) + i\sin(y)| = e^x$. e^{x+iy} 的辐角是 y,因此对任意复数 $z = x + iy$,定义 e^z 的模为 e^x,辐角为 y. 这样,就可以反推回去,得到 e^z 幂级数的表达式.

3. q, Δ^* 和 Δ^0

在模形式的理论中,通常用变量 q 表示

$$q = e^{2\pi i z}$$

其中 z 是上半平面 H 中的变量. 这个条件意味着 $z = x + iy$, $y > 0$. 因此 $iz = ix - y$,并且

$$q = e^{-2\pi y} e^{2\pi i x}$$

你可以看到 q 的模是 $e^{-2\pi y}$,q 的辐角是 $2\pi x$. 当 x 沿实轴从左边运动到右边时,q 周而复始地做圆周运动. 当 y 由小变大时,q 的模越来越小. 若 y 靠近 0,则 q 的模近似等于 1,若 y 足够大,q 的模就接近 0(但总为正). 将这些事实放在一起,可以得出,当 z 取遍上半平面的点时,q 将填满圆心在原点 0、半径为 1 的圆盘,0 点除外. 称其为去心圆盘 Δ^*:

$$\Delta^* = \{ w \in \mathbf{C} \mid 0 < |w| < 1 \}$$

添加上圆心的圆盘也是有用的,将其定义为如前所述的单位圆盘 Δ^0:

$$\Delta^0 = \{ w \in \mathbf{C} \mid 0 \leqslant |w| < 1 \}$$

因此,Δ^* 是 Δ^0 去掉 0 的结果.

为什么要定义 q? 注意到 q 实际上是 z 的函数. 应将其写成 $q(z)$,但通常我们不这样做,因为要使符号简洁. 作为 z 的函数,q 有重要性质:

$$q(z + 1) = q(z)$$

现在来证明上式,尽管它在前一段中的"周而复始"一词中有暗示. 注意到 z 和 $z + 1$ 有相同的虚部 y 而实部 x 增加 1. 于是

$$q(z + 1) = e^{-2\pi y}e^{2\pi i(x+1)} = e^{-2\pi y}e^{2\pi ix+2\pi i} = e^{-2\pi y}e^{2\pi ix}e^{2\pi i} = q(z)$$

因为 $e^{2\pi i} = 1$.

很好,但是为什么会这样? 我们称"q 以 1 为周期". 一般地,如果对任意 z 满足 $g(z + 1) = g(z)$, 则函数 $g(z)$ 以 1 为周期.

题外话: 为了简练,只讨论周期为 1 的情况. 周期为 a 的周期函数 $f(z)$ 是指对任意 z 都有 $f(z + a) = f(z)$. $a \neq 0$, 否则等式将是一个平凡的结果. 现在若 $f(z)$ 的周期是 a, 那么可以通过 $F(z) = f(az)$ 定义一个新函数 $F(z)$. 显然,这两个函数有紧密的联系,如果我们弄清楚了其中的一个,那么另一个也就清楚了. 而 $F(z)$ 的周期是 1,这是因为 $F(z + 1) = f(a(z + 1)) = f(az + a) = f(az) = F(z)$. 因此,只讨论周期为 1 的情形,并不会失去任何理论强度. 数字 1 非常好也很简单,这也是我们用它的原因. 这就解释了为什么在定义 q 时要把 2π 放入指数中.

在数学、物理及许多其他学科中,周期函数都非常重要. 许多物理过程都是周期性的,或者是几乎周期性的. 例如,地球的自转对应一个周期函数,其周期为 24 小时. 潮汐呈现也有大致的周期性,其周期约为 24 小时 50 分钟. 经典物理学中电子围绕氢原子的运动是周期的,这种周期性对量子力学有着重要的意义. 在小提琴上演奏音符的弦的运动也是周期性的.

傅里叶级数的数学理论是用来研究周期函数的. 通过正弦和余弦函数,傅里叶级数与 q 联系紧密. 你不需要通过了解傅里叶级数来理解我们关于 q 的讨论,如果你学过傅里叶级数,那么接下来的内容可能会让你更加信服.

我们已经知道 $q(z)$ 是一个在上半平面 H 上的周期为 1 的周期函数. 这样的函数只有 q 一个吗? 不是,可以很容易想到还有别的. 平凡地,常数函数的周期是 1(也可以是你喜欢的其他周期). 更有趣的是,对任意函数 G, $G(q(z))$ 也以 1 为周期.

现在"任意函数 G"是相当宽泛的一类函数——它是不可控的. 真正好的函数是代数函数,它们是通过加、减、乘、除运算所得到的. 除法可能是个

麻烦,因为我们不得不总是担心会除以 0,但 q 不可能是 0. 多项式函数是最好的,如果 $a_0, a_1, a_2, \cdots, a_n$ 是任意固定的复数,那么函数

$$a_0 + a_1 q + a_2 q^2 + \cdots + a_n q^n$$

是一个定义在上半平面 H 上且周期为 1 的函数.

我们也可以求极限(比较第 7 章第 8 节). 如果挑选无穷多个系数 a_n 并且使它们足够小,那么就可以期望无穷级数

$$a_0 + a_1 q + a_2 q^2 + \cdots + a_n q^n + \cdots$$

对于 q 在去心圆盘 Δ^* 内每个点处的值有极限. 因此,这个无穷级数在上半平面 H 上定义了一个周期为 1 的函数. 为了后面参考,请注意,如果置 $q = 0$,这个函数是偶函数,尽管对任意 $z \in H, q(z)$ 不可能是 0. 因此,它在整个圆盘 Δ^0 上有定义.

我们还没有使用除法. 可以用 q 的任意两个正幂相除. 这种除法可能导致出现 q 的负幂,但重复一遍:q 的负幂不是问题,因为 $q(z)$ 不可能为 0. 假设 $m > 0$,取定复数 $a_{-m} \neq 0, a_{-(m-1)}, \cdots, a_{-1}, a_0, a_1, a_2, \cdots, a_n, \cdots$,使得当 $n \to \infty$ 时,a_n 减小得足够快. 因此级数

$$
\begin{aligned}
& a_{-m} q^{-m} + a_{-(m-1)} q^{-(m-1)} + \cdots + a_{-1} q^{-1} + a_0 + \\
& a_1 q + a_2 q^2 + \cdots + a_n q^n + \cdots
\end{aligned}
\tag{8.3}
$$

在上半平面 H 上定义了一个周期为 1 的函数.

除了它们有些负指数幂的项之外,这些和与 q 的幂级数类似. 形如式 (8.3) 的级数被称为"以原点为极点且阶为 m 的罗朗级数".

我们已经列举了很多 H 上周期为 1 的函数. 这些就是所有的吗? 当然不是. 这些幂级数有很好的性质,而且不难发现存在一些怪异的函数 G 使得 $G(q(z))$ 不具有这些性质(例如,每个罗朗级数定义一个 H 上的连续函数,但我们可以选择一个非连续函数 G). 接下来的一个定理来自复分析,它将在后面学习模形式时用到. 这个定理是:

定理 8.4 假设 $f(z)$ 是一个上半平面 H 上的周期为 1 的函数,它解析并且当 $y \to \infty$ 时表现良好. 那么 $f(z)$ 与具有如下形式的某个级数相等

$$a_0 + a_1 q + a_2 q^2 + \cdots + a_n q^n + \cdots$$

这里 $z = x + \mathrm{i}y$, x 和 y 是实数,并且 $q = q(z) = \mathrm{e}^{2\pi\mathrm{i}z}$.

本书不证明这个定理,但确实应该给你一个"表现良好"的解释. 在本书中,其含义是无论 x 如何,当 y 趋于无穷时,$\lim\limits_{y\to\infty} f(z)$ 都存在.

顺便说一下,除了表现良好外,如果 $f(z)$ 满足定理中的所有性质,它仍然可被写成一种 q 的级数,但此时的级数可能含有 q 的负指数幂的项——甚至可能有无穷多项. 我们在第三部分会对此稍作介绍.

第 9 章　Zeta 和伯努利

1. 一个神秘的公式

在函数 $\zeta(s)$ 与伯努利数 B_k 之间存在某种神秘的联系. 回忆

$$\zeta(s) = 1 + \frac{1}{2^s} + \frac{1}{3^s} + \frac{1}{4^s} + \cdots$$

以及伯努利数 B_k,它由下式定义

$$\frac{t}{e^t - 1} = \sum_{k=0}^{\infty} B_k \frac{t^k}{k!} \tag{9.1}$$

它们之间的联系由下面等式给出

$$\zeta(2k) = (-1)^{k+1} \frac{\pi^{2k} 2^{2k-1} B_{2k}}{(2k)!} \tag{9.2}$$

其中,$k = 1,2,3,\cdots$. 请注意因为 $\zeta(2k)$ 为正,式(9.2)告诉我们,当 k 增大时,B_{2k} 的符号正负交替.

式(9.2)令人非常惊讶. 最初定义 B_k(以及与之相关的多项式 $B_k(x)$)是为了能计算有限和 $1^k + 2^k + \cdots + n^k$. 而现在,我们发现可以利用这些数来计算偶数幂的倒数的无限和.

有许多方法可以证明式(9.2). 等式的左边可用二重积分表示,也可用其他求和方式表示. 有一些涉及傅里叶级数的方法,还有一些使用复数的方

法. 一个特别巧妙的证明(Williams, 1953)是建立恒等式

$$\zeta(2)\zeta(2n-2) + \zeta(4)\zeta(2n-4) + \cdots + \zeta(2n-4)\zeta(4) + \zeta(2n-2)\zeta(2)$$

$$= \left(n + \frac{1}{2}\right)\zeta(2n) \qquad\qquad\qquad (9.3)$$

其中, $n = 2,3,4,\cdots$. 只要 $\zeta(2)$ 已知[威廉姆斯(Williams, 1953)使用类似于
式(9.3)的公式已给出], 就可以利用式(9.3)和与伯努利数相关的恒等式算
出 $\zeta(4),\zeta(6),\zeta(8)$ 的值, 依此类推.

我们采用 Koblitz(1984)的方法, 它在思路上更接近欧拉关于式(9.2)的
原始证明. 在证明中将略去一些技术性的细节.

2. 一个无穷积

定义　关于 x 的首一多项式是指 x 的最高次项的系数为 1 的多项式:

$$x^n + a_1 x^{n-1} + a_2 x^{n-2} + \cdots + a_{n-1}x + a_n$$

如果 $p(x)$ 是一个复系数且次数为 n 的首一多项式, 且对 n 个不同的复
数 $\alpha_1, \alpha_2, \cdots, \alpha_n$, 有 $p(\alpha_1) = p(\alpha_2) = \cdots = p(\alpha_n) = 0$, 那么 $p(x)$ 可分解为
$(x - \alpha_1)(x - \alpha_2)\cdots(x - \alpha_n)$. 请注意 $p(x)$ 的常数项是 $(-1)^n \alpha_1 \alpha_2 \cdots \alpha_n$.

假定另有一多项式 $q(x)$, 满足 $q(0) = 1$, 并且 $q(\alpha_1) = q(\alpha_2) = q(\alpha_3)$
$= \cdots = q(\alpha_n) = 0$. 换句话说, 当 $p(x)$ 是首一多项式(最高项系数为 1)时,
$q(x)$ 的常数项是 1. 取 $p(x)$ 的因式分解并除以 $(-1)^n \alpha_1 \alpha_2 \alpha_3 \cdots \alpha_n$, 得到

$$q(x) = \left(1 - \frac{x}{\alpha_1}\right)\left(1 - \frac{x}{\alpha_2}\right)\left(1 - \frac{x}{\alpha_3}\right)\cdots\left(1 - \frac{x}{\alpha_n}\right)$$

欧拉做了一个大胆的推测. 函数 $f(x) = \dfrac{\sin x}{x}$ 满足 $f(0) = 1$(这是微积分前半
期中熟知的事实), 并且 $f(\pm\pi) = f(\pm 2\pi) = f(\pm 3\pi) = \cdots = 0$. 当然, 有无穷
多个值 x, 使 $f(x)$ 为 0, 但欧拉仍然将其表示为

$$\frac{\sin x}{x} = \left(1 - \frac{x}{\pi}\right)\left(1 - \frac{x}{-\pi}\right)\left(1 - \frac{x}{2\pi}\right)\left(1 - \frac{x}{-2\pi}\right) \times$$

$$\left(1 - \frac{x}{3\pi}\right)\left(1 - \frac{x}{-3\pi}\right) \cdots$$

更确切地说,欧拉是将相邻的两项合并,得到

$$\frac{\sin x}{x} = \left(1 - \frac{x^2}{\pi^2}\right)\left(1 - \frac{x^2}{4\pi^2}\right)\left(1 - \frac{x^2}{9\pi^2}\right)\left(1 - \frac{x^2}{16\pi^2}\right) \cdots \qquad (9.4)$$

这个公式实际上是正确的,并且公式的严格证明是复分析课程中的基础内容. 我们将直接使用公式并不再证明.

利用式(9.4),可以很快求出 $\zeta(2)$,这其实是欧拉——写下该等式就想做的事. 如果你把等式右边的乘积展开,将会看到 x^2 的系数是 $-\frac{1}{\pi^2} - \frac{1}{4\pi^2} - \frac{1}{9\pi^2} - \frac{1}{16\pi^2} - \cdots$. 那么该如何处理等式的左边呢? 从微积分可知

$$\sin x = x - \frac{x^3}{6} + \frac{x^5}{120} - \frac{x^7}{5\,040} + \cdots$$

除以 x,可得

$$\frac{\sin x}{x} = 1 - \frac{x^2}{6} + \frac{x^4}{120} - \frac{x^6}{5\,040} + \cdots$$

从式中可以看到,x^2 的系数是 $-\frac{1}{6}$. 因此,

$$-\frac{1}{6} = -\frac{1}{\pi^2} - \frac{1}{4\pi^2} - \frac{1}{9\pi^2} - \frac{1}{16\pi^2} - \cdots$$

乘以 $-\pi^2$ 有

$$\frac{\pi^2}{6} = \frac{1}{1} + \frac{1}{4} + \frac{1}{9} + \frac{1}{16} + \cdots$$

等式右边是 $\zeta(2)$,因此可以推出 $\zeta(2) = \frac{\pi^2}{6}$.

继续努力,你可以分析式(9.4)的两边 x^4 的系数,从而求得 $\zeta(4) = \dfrac{\pi^4}{90}$,再继续下去就可算出 $\zeta(6) = \dfrac{\pi^6}{945}$. 但找到 $\zeta(2n)$ 和 B_{2n} 之间关系的更好的办法涉及更多微积分的技巧.

3. 对数微分

为了进一步计算 $\zeta(s)$ 在正偶数处的值,我们将 $x = \pi y$ 代入式(9.4),消去某些 π 的幂,并交叉相乘,得

$$\sin \pi y = (\pi y)\left(1 - \frac{y^2}{1}\right)\left(1 - \frac{y^2}{4}\right)\left(1 - \frac{y^2}{9}\right)\left(1 - \frac{y^2}{16}\right)\cdots \quad (9.5)$$

现在,先在式(9.5)两边取对数,由此推出式(9.2),再对其结果进行微分.

从等式右边开始. 因为乘积的对数是对数的和,式(9.5)右边的对数是

$$\log \pi + \log y + \sum_{k=1}^{\infty} \log\left(1 - \frac{y^2}{k^2}\right)$$

继续这一过程. 微积分中的结论表明

$$\log(1 - t) = -t - \frac{t^2}{2} - \frac{t^3}{3} - \frac{t^4}{4} - \cdots$$

$$= -\sum_{n=1}^{\infty} \frac{t^n}{n}$$

对 $|t| < 1$ 成立. (在第 7 章第 8 节我们已见过这个公式.) 于是

$$\log\left(1 - \frac{y^2}{k^2}\right) = -\sum_{n=1}^{\infty} \frac{y^{2n}}{nk^{2n}}$$

故式(9.5)右边取对数后得

$$\log \pi + \log y + \sum_{k=1}^{\infty} \sum_{n=1}^{\infty} \frac{y^{2n}}{nk^{2n}}$$

因为, 当 $0 < y < 1$, 级数绝对收敛[1], 我们可以交换求和次序, 得

$$\log \pi + \log y - \sum_{n=1}^{\infty} \sum_{k=1}^{\infty} \frac{y^{2n}}{nk^{2n}} = \log \pi + \log y - \sum_{n=1}^{\infty} \frac{y^{2n}}{n} \sum_{k=1}^{\infty} \frac{1}{k^{2n}}$$

$$= \log \pi + \log y - \sum_{n=1}^{\infty} \frac{y^{2n}}{n} \zeta(2n)$$

式(9.5)左边取对数后正好是 $\log \sin \pi y$, 因此有

$$\log \sin \pi y = \log \pi + \log y - \sum_{n=1}^{\infty} \frac{y^{2n}}{n} \zeta(2n)$$

微分后, 得

$$\frac{\pi \cos \pi y}{\sin \pi y} = \frac{1}{y} - \sum_{n=1}^{\infty} 2y^{2n-1} \zeta(2n)$$

或者

$$\frac{\pi y \cos \pi y}{\sin \pi y} = 1 - \sum_{n=1}^{\infty} 2y^{2n} \zeta(2n)$$

我们再作一次代入. 用 $\frac{z}{2}$ 代替 y, 得

$$\frac{\pi\left(\frac{z}{2}\right) \cos\left(\pi \frac{z}{2}\right)}{\sin\left(\pi \frac{z}{2}\right)} = 1 - \sum_{n=1}^{\infty} \frac{z^{2n}}{2^{2n-1}} \zeta(2n) \qquad (9.6)$$

回忆 $e^{i\theta}$ 和 $e^{-i\theta}$ 的欧拉公式:

---

[1] 一个实的或复的级数 a_n 绝对收敛当且仅当由绝对值构成的和 $\sum |a_n|$ 收敛. 如果一个级数绝对收敛, 那么级数也收敛, 但事实不只如此. 如果你选择任意的方式重排绝对收敛级数的项, 其结果仍然收敛, 且收敛的极限与原级数相同. 与此相反, 不是绝对收敛的级数, 如 $1 - \frac{1}{2} + \frac{1}{3} - \frac{1}{4} + \cdots$. 该级数的项重排后将收敛到不同的极限, 或者它是发散的.

$$e^{i\theta} = \cos\theta + i\sin\theta$$

$$e^{-i\theta} = \cos\theta - i\sin\theta$$

上两式相加、相减后,得

$$\cos\theta = \frac{e^{i\theta} + e^{-i\theta}}{2}$$

$$\sin\theta = \frac{e^{i\theta} - e^{-i\theta}}{2}$$

因此

$$\frac{\cos\left(\pi\dfrac{z}{2}\right)}{\sin\left(\pi\dfrac{z}{2}\right)} = i\,\frac{e^{i\pi\frac{z}{2}} + e^{-i\pi\frac{z}{2}}}{e^{i\pi\frac{z}{2}} - e^{-i\pi\frac{z}{2}}} = i\,\frac{e^{i\pi z} + 1}{e^{i\pi z} - 1}$$

$$= i\,\frac{(e^{i\pi z} - 1) + 2}{e^{i\pi z} - 1} = i\left(1 + \frac{2}{e^{i\pi z} - 1}\right) = i + \frac{2i}{e^{i\pi z} - 1}$$

将所有的变换代入式(9.6),得

$$\frac{\pi i z}{2} + \frac{\pi i z}{e^{\pi i z} - 1} = 1 - \sum_{n=1}^{\infty} \frac{z^{2n}}{2^{2n-1}}\zeta(2n)$$

回忆伯努利数之间关系的定义式(9.1),并将其形式改写为

$$\frac{\pi i z}{e^{\pi i z} - 1} = \sum_{k=0}^{\infty} B_k \frac{(\pi i z)^k}{k!} = 1 - \frac{\pi i z}{2} + \sum_{k=2}^{\infty} B_k \frac{(\pi i z)^k}{k!}$$

这里我们用了 $B_0 = 1$ 和 $B_1 = -\dfrac{1}{2}$,以此消掉一些项后得

$$\sum_{k=2}^{\infty} B_k \frac{(\pi i z)^k}{k!} = -\sum_{n=1}^{\infty} \frac{z^{2n}}{2^{2n-1}}\zeta(2n)$$

现在,注意 $B_3 = B_5 = B_7 = \cdots = 0$,代入 $k = 2n$,并记住 $i^{2n} = (-1)^n$,得

$$\sum_{n=1}^{\infty} B_{2n} \frac{(\pi z)^{2n}}{(2n)!}(-1)^n = -\sum_{n=1}^{\infty} \frac{z^{2n}}{2^{2n-1}}\zeta(2n)$$

因方程两边 z^{2n} 的系数相等,得

$$\frac{B_{2n}\pi^{2n}(-1)^n}{(2n)!} = -\frac{\zeta(2n)}{2^{2n-1}}$$

或者

$$\zeta(2n) = (-1)^{n-1}\frac{2^{2n-1}\pi^{2n}B_{2n}}{(2n)!}$$

4. 另外两种拓展思路

对正奇数 $n = 3,5,7,\cdots,\zeta(n)$ 还没有类似于式(9.2)的公式. 然而,有下面的交替求和:

$$1 - \frac{1}{3} + \frac{1}{5} - \frac{1}{7} + \frac{1}{9} - \cdots = \frac{\pi}{4}$$

$$1 - \frac{1}{3^3} + \frac{1}{5^3} - \frac{1}{7^3} + \frac{1}{9^3} - \cdots = \frac{\pi^3}{32}$$

$$1 - \frac{1}{3^5} + \frac{1}{5^5} - \frac{1}{7^5} + \frac{1}{9^5} - \cdots = \frac{5\pi^5}{1\,536}$$

$$1 - \frac{1}{3^7} + \frac{1}{5^7} - \frac{1}{7^7} + \frac{1}{9^7} - \cdots = \frac{61\pi^7}{184\,320}$$

它与所有奇指数具有类似的结果.

对于公式 $\zeta(2) = \frac{\pi^2}{6}$,这里可能还有另一种推导方法. 如果把 $\zeta(2)$ 看作正方形数的倒数和,那么可以问其他多边形数的倒数之和. 可参考唐尼等人(2008)给出的边为偶数的多边形数的简明解答. 为了简单起见,用符号 $P(3,n)$ 表示第 n 个三角形数 $\frac{n(n+1)}{2}$,$P(4,n)$ 表示第 n 个正方形数 n^2,以此类推. 将开始的几个结果列于表9.1.

表 9.1　多边形数的倒数之和

k	$P(k,n)$	$\sum_{n=1}^{\infty} \dfrac{1}{P(k,n)}$
3	$\dfrac{n^2 + n}{2}$	2
4	n^2	$\dfrac{\pi^2}{6}$
5	$\dfrac{3n^2 - n}{2}$	$3 \log 3 - \dfrac{\pi\sqrt{3}}{3}$
6	$2n^2 - n$	$2 \log 2$

第 10 章　方法计数

1. 生成函数

该如何对方法求和呢？让我逐一细算.

通常在数学中,当是或否变成一个计数问题时会变得更加有趣.原因之一是,计数可以将更多或更精细的结构引入问题的数据或概念框架中.同样地,如果它变成群论问题,有时,即便答案为是或否十分显然,计数问题仍可能产生引人入胜的理论.解决计数问题的另一个原因是,相比开始的简单二进制拼图,我们对一个更精确、更定量的问题更加感兴趣.当然,只有成功地得到一个有吸引力的答案之后,我们才会对复杂的方法感到满意.

本书中一个重要的例子是平方和问题.我们不仅要问"这个数是两个平方数的和吗"或"哪一个数是两个平方数的和",而且要问"有多少种方式使这个数是两个平方数的和".在 4 个或更多个平方数的情形中,我们知道任意一个正整数都是平方数之和,但"有多少种方式"依然是一个值得考虑的好问题.

另一个例子是一次幂的和.乍一看可能觉得欠考虑:"任意一个数都是其他数的和吗?"当然,任意一个数 n 是 0 和 n 的和.我们通常将"和"的概念推广到包括一个数的情形,甚至是没有数的情形. n(就是它自己的和)的"和"通常就取作 n.

空集的和是什么呢？如果你想一下如何用计算器加数字,就会意识到必须先清除累加器.也就是说,首先要清零,让计算器屏幕显示 0.然后开始加数字.如果没有加任何数字,屏幕上仍然显示 0.因此没有数字的"和"通常取 0.同样可以想象计算器的使用来解释为什么 n 的和是 n:你清空计算器,变成 0,然后加上 n. 你已完成:答案是 n.

让我们回到一次幂的和,这里的好问题是,给定一个正整数 n,不是是否 而是有多少种方式将其表示为小于或等于 n 的正整数之和,小于或等于 n. 这就是所谓的**分拆**问题. 这个问题已经产生了大量的数论问题,后面将作进 一步讨论.

我们可以将问题设想成以下更一般的形式. 选择一个整数集 S, 可能是 有限集或无限集. 例如,S 可能是集合 $\{1,2,3\}$, 或者是所有素数的集合,或 者是所有正整数集,或者是包含 0 的所有平方整数的集合.

从 S 开始,定义一个函数 $a(n)$, 这里 n 是任意非负整数.

准定义 $a(n)$ 等于将 n 表示成集合 S 中成员的和的所有可能方式.

准定义并不明确. 在一个给定的求和中是否允许使用 S 中的元多于一 次? 加数的计算顺序是否重要? 例如,假设 S 是所有平方整数的集合:$S = \{0,1,4,9,\cdots\}$. 当求 $a(8)$, 是否允许 $4+4$? 对 $a(25)$,$9+16$ 和 $16+9$ 算 两种方式还是算一种方式?$0+0+9+16$ 和 $0+0+9+16$ 算两种不同的方 式吗(这里交换了两个 0 的顺序——纯粹是形而上学的做法,但当然可以这 样想象)?

这里要做何种选择取决于具体的问题. 解决这些问题的结构在很大程 度上取决于所做的选择. 错误的选择可能导致一个棘手的问题,正确的选择 则会导向一个令人惊奇的理论.

另一种使准定义更明确的方法是:对任意给定的求和,限制可以使用的 S 中的元素个数. 例如,如果 0 是集合 S 中的元并且对被加数没有限制,那么 $a(n)$ 将会是无穷且毫无意义的. 又如,当我们问平方数之和时,需要指定有 多少个:两个平方数,4 个平方数,6 个平方数,或者是其他的个数.

另外,有时不想限制被加数的个数. 在分拆问题中,我们会问 n 有多少种 表示成正整数之和的方式,并且不需要通过限制个数来得到一个好的问题.

假设给定一个集合 S,并且函数 $a(n)$ 有精确定义,由此得到一个非负整 数序列

$$a(0),a(1),a(2),a(3),\cdots$$

要想确定这个序列,可能要利用 $a(n)$ 的一个公式. 我们还想知道这个序列

的其他性质,比如,当 $n \to \infty$ 时, $a(n)$ 是否有极限? $a(n)$ 通常无穷次等于 0 吗? $a(n)$ 始终等于 0 吗? $a(n)$ 具有漂亮的性质吗?(例如,只要 n 是 5 的倍数, $a(n)$ 也是 5 的倍数.)这些好的特性看起来非常不错,它们的确非常漂亮而且刺激着数论中一些特别困难的问题的研究,并具有深远的意义.那么该怎样研究这个序列呢?当然,首先要做的是研究该问题本身.例如,如果 S 是平方数之集,我们设 $a(n)$ 是将 n 写成 4 个平方数之和的方法的种数(对被加数可能的重排序我们要做一些规定),那么由定理 3.2 可知,对任意 n,都有 $a(n) \geq 1$.

但更富想象力的是将所有的 $a(n)$ 包装成一个新变量的函数.乍一看,这一过程似乎是人为的,而且并没有把我们带到别处,但事实上,在大多数情况下,这样做将把我们引向深入.我们可以把系数为 $a(n)$ 的关于 x 的幂级数写成如下形式:

$$f(x) = a(0) + a(1)x + a(2)x^2 + a(3)x^3 + \cdots$$

称 $f(x)$ 是序列 $a(0),a(1),a(2),a(3),\cdots$ 的**生成函数**.令人惊奇的是,如果序列 $a(n)$ 来自一个好的数论问题,那么该问题的结构在 $f(x)$ 上附加的某些性质使我们得以研究 $f(x)$,然后导出 $a(n)$ 的一些信息.这是本书剩余部分的要点之一.

另一种处理序列的办法是将其作成狄利克雷(Dirichlet)级数.在这种情况下,序列的首项须从 $n=1$,而不是 $n=0$ 开始:

$$L(s) = \frac{a(1)}{1^s} + \frac{a(2)}{2^s} + \frac{a(3)}{3^s} + \cdots$$

这里我们希望对某个右半复平面上的所有 s,无穷级数收敛.也就是说,存在一个正数 M,对所有实部大于 M 的复数 s,级数收敛到一个解析函数.因此,该级数在半平面上定义了一个函数 $L(s)$.我们希望 $L(s)$ 能够解析延拓到比 s 取值更大的一个集合.如果这样做可行, $L(s)$ 在该集合某些点处的值常常是很多数论研究者很感兴趣的.

在生成函数是一个幂级数或 Dirichlet 级数的情形下,该函数可能具有额外的性质,这使我们能够有更多研究它的机会,然后返回到 $a(n)$ 并得到更多信息,而丝毫不管产生 $a(n)$ 的数论系统.

2. 生成函数举例

即使是形如 $1,1,1,1,1,\cdots$ 这样的简单序列也会产生有趣的生成函数. 我们已经明白这一点. 对于幂级数可得

$$1 + x + x^2 + x^3 + \cdots = \frac{1}{1-x},$$

当 x 的绝对值小于 1 时, 就定义了一个函数. 对于狄利克雷级数, 可得黎曼 ζ-函数:

$$\zeta(s) = \frac{1}{1^s} + \frac{1}{2^s} + \frac{1}{3^s} + \cdots$$

在这两种情形下, 第一种情形除了 $x = 1$, 第二种情形除了 $s = 1$, 生成函数都能解析延拓到整个复平面. 我们觉得对几何级数有很充分的了解, 但 ζ-函数还有许多神秘的地方. 尤其是, 黎曼猜想仍然是一个公开的问题 (参见第 7 章第 9 节).

在给出从理论上分析的几个例子之前, 我们应该正式定义分拆.

定义　正整数 n 的一个分拆是指 $n = m_1 + m_2 + \cdots + m_k$, 这里的 m_i 都是正整数. 两个分拆相同是指表达式的右边经过重新排序后相同. 用 $p(n)$ 表示 n 的分拆. $m_1, m_2, \cdots, m_k$ 称为分拆的成员.

沿用前一节的记号, 用 S 表示所有正整数的集合. 那么 $p(n)$ 是将 n 写成集合 S 中元素的和的所有方法总数, 允许重复但不考虑顺序. 因为我们不关心顺序, 也可以将和式写成升序. 例如, 4 的分拆是 $4, 1 + 3, 2 + 2, 1 + 1 + 2$ 以及 $1 + 1 + 1 + 1$, 共有 5 种方法, 因此 $p(4) = 5$. 尽管根据定义 0 不能进行任何分拆, 但习惯上仍记 $p(0) = 1$. 令人吃惊的是没有关于 $p(n)$ 已知的简单公式.

我们能写出 $p(n)$ 的幂级数生成函数:

$$f(x) = p(0) + p(1)x + p(2)x^2 + p(3)x^3 + \cdots$$

一些改动是允许的. 例如, 可以考虑 $p_m(n)$: 将 n 分成最多 m 个成员的

分拆个数. 或者 $s(n)$: 将 n 分拆成奇数之和的个数. 你可以看到这里的变化无穷无尽, 通常情况下这里会产生很困难但有趣的数学问题, 它们很多都超出了本书的范围.

我们可以通过关注寻找 $f(x)$ 的不同方式作为研究分拆的第一步. 它表明了开始使用生成函数方法的灵活性. 从几何级数开始:

$$\frac{1}{1-x} = 1 + x + x^2 + x^3 + \cdots$$

注意——很显然—— x^n 的系数是 1. 将其解释为使得各成员都不超过 1 的分拆只有一种: $n = 1 + 1 + \cdots + 1$. 这有点怪, 但 x^n 的系数告诉我们确实如此.

现在来看以下的几何级数:

$$\frac{1}{1-x^2} = 1 + x^2 + x^4 + x^6 + \cdots$$

根据刚才的解释, x^6 意味着什么? 它的意思是 6 恰有 1 种分拆, 每个成员都是 2, 即 $6 = 2 + 2 + 2$.

这还是有点奇怪, 现在将两个等式乘在一起. 不用担心无穷级数的乘积: 你可以将它们截断成次数很大的多项式, 再把它们当作多项式相乘, 然后令次数趋于无穷. 也就是说, 自然地做下去, 得

$$\left(\frac{1}{1-x}\right) \cdot \left(\frac{1}{1-x^2}\right) = (1 + x + x^2 + x^3 + \cdots)(1 + x^2 + x^4 + x^6 + \cdots)$$

如果将右边乘开并按 x 的幂进行整理, 将得到 $1 + x + 2x^2 + 2x^3 + 3x^4 + \cdots$. 例如, x^4 的系数从何而来? 在乘积中有 3 种方式得 x^4, 即 $1 \cdot x^4, x^2 \cdot x^2, x^4 \cdot 1$, 对应于 4 的分拆: $2 + 2, 1 + 1 + 2, 1 + 1 + 1 + 1$. 为什么? 考虑其中之一的乘积 $x^d \cdot x^e$, 其中 x^d 来自 $\frac{1}{1-x}$, 因此, 根据规则, 它应该被解释为 d 个 1 之和. 项 x^e 来自 $\frac{1}{1-x^2}$, 它应该解释为 $\frac{e}{2}$ 个 2 之和. 因此乘积对应于 d 个 1 之和与 $\frac{e}{2}$ 个 2 之和. 相加得 $d + e = 4$. 换句话说, 得到 4 的分拆, 每个成员都

不能超过 2. 这里恰有 3 种方式,这就是 x^4 前面的系数为 3 的含义.

继而,我们看到

$$\left(\frac{1}{1-x}\right)\left(\frac{1}{1-x^2}\right)\cdots\left(\frac{1}{1-x^m}\right) = 1 + a_1 x + a_2 x^2 + \cdots$$

这里的 a_n 是将 n 分成每个成员都不超过 m 的分拆的个数.

这很酷,因为我们毫无顾忌地将某些无穷级数乘在一起,同样可以将它们的无限多个数乘在一起.(**注意**:这样处理无穷级数并不总是得到有效的结果——你必须确保在适当的意义下它们是"收敛"的.)在本例中,请注意一旦使用新的因子 $\frac{1}{1-x^m} = 1 + x^m + x^{2m} + \cdots$,我们将得不到任何次数小于 m 的 x 项(常数项 1 除外).这个发现意味着不用担心那些 x 的次数小于 m 的项的系数,所以对所有 m,可以大胆地将这些几何级数乘起来,得到一个漂亮的结果,关于分拆的生成函数满足:

$$f(x) = \frac{1}{(1-x)(1-x^2)(1-x^3)\cdots} \tag{10.1}$$

注意,$f(x)$ 是 $p(n)$ 的生成函数,$p(n)$ 为对每个成员没有长度限制的 n 的分拆的个数.式(10.1)先被欧拉证明(或发现).我们将在后面几章中看到与 $f(x)$ 有关的模形式理论.

通过指数变换就能导出其他生成函数.例如,把 n 分成奇数之和的分拆,将得到:

$$f_{\text{odd}}(x) = \frac{1}{(1-x)(1-x^3)(1-x^5)\cdots}$$

如此等等.

这里有一个可以用生成函数证明的漂亮定理(Hardy & Wright,2008,定理 344):

定理 10.2　n 的每个成员都不同的分拆的个数与 n 的每个成员都是奇数的分拆的个数相等.

证明 我们刚才已经看到

$$f_{\text{odd}}(x) = \frac{1}{(1-x)(1-x^3)(1-x^5)\cdots} \qquad (10.3)$$

式(10.3)可以巧妙地写成:

$$f_{\text{odd}}(x) = \frac{(1-x^2)}{(1-x)} \cdot \frac{(1-x^4)}{(1-x^2)} \cdot \frac{(1-x^6)}{(1-x^3)} \cdot \frac{(1-x^8)}{(1-x^4)} \cdots$$

等式右边,分子上的指数是 $2,4,6,8,\cdots$,而分母上的指数是 $1,2,3,4,\cdots$,因此,用下面的指数约去上面的指数,剩下的仅有奇指数.

在初等代数中我们就知道 $(a-b)(a+b) = a^2 - b^2$. 现在,令 $a=1$,将其改写为 $\frac{1-b^2}{1-b} = (1+b)$. 如果令 $b=x$,则 $\frac{1-x^2}{1-x} = (1+x)$. 如果令 $b=x^2$,则有 $\frac{1-x^4}{1-x^2} = (1+x^2)$. 如果令 $b=x^3$,可得 $\frac{1-x^6}{1-x^3} = (1+x^3)$. 依此类推. 因此,重新改写等式右边得

$$f_{\text{odd}}(x) = (1+x)(1+x^2)(1+x^3)(1+x^4)\cdots \qquad (10.4)$$

现在式(10.4)的左边是 $1 + \sum_{n=1}^{\infty} p_{\text{odd}}(n)x^n$,其中 $p_{\text{odd}}(n)$ 是把 n 分拆成奇数之和的分拆的个数. 如果将等式右边作为幂级数展开,便可得到 $1 + \sum_{n=1}^{\infty} c(n)x^n$,这里的 $c(n)$ 是把 n 分成不相等成员的分拆的个数.(你明白为什么吗?)两边比较 x^n 的系数即可得定理. □

让我们用 $n=5$ 来验证定理. 把 5 分拆成只有奇数成员的分拆有 3 个:$5 = 5, 1+1+3, 1+1+1+1+1$. 把 5 分拆成不相等的成员的分拆也有 3 个:$5 = 5, 4+1, 3+2$. 非常棒.

这里还有一个有用的生成函数的例子. 假设我们想了解平方数的和. 可取 S 为正的平方数的集合. 选取并固定一个正整数 k,并记 $r'_k(n)$ 为将 n 写成 k 个 S 中元素和的所有方式,不考虑被加数的顺序,与我们的分拆的定理类似. 其结果是,如果构造系数为 $r'_k(n)$ 的生成幂级数,由此产生的函数似乎

并不容易处理.

相反,我们定义 $r_k(n)$ 为将 n 表示为 k 个平方数的所有方法的总数,包括 0^2,并且——这很重要——如果 $a \neq 0$,将 $(-a)^2$ 与 a^2 作为不同的平方数写法. 将不同的平方数相加时,我们也考虑不同的顺序. 因此 $a^2 + b^2$ 是一种方式,而 $b^2 + a^2$ 是另一种方式,只要 $a \neq b$. 这与我们计算分拆有很大的不同.

例如,令 $k = 2$,来看两个平方数的和. 那么 $r_2(0) = 1$,因为 $0 = 0^2 + 0^2$,并且这里没有别的方式将 0 写成两个平方数的和. 然而,$r_2(1)$ 可能比你想象的要大:$1 = 0^2 + 1^2 = 0^2 + (-1)^2 = 1^2 + 0^2 = (-1)^2 + 0^2$. 因此,$r_2(1) = 4$.

构造生成函数

$$F_k(x) = r_k(0) + r_k(1)x + r_k(2)x^2 + r_k(3)x^3 + \cdots$$

后面将看到,当把它解释为一个模形式时,这个函数就进入了我们的视野. 它也给了我们一个提示,即为什么研究偶数的平方和(也就是说,k 为偶数)比奇数的平方和容易——这并不是说两个问题都容易.

当 $k = 2$ 时,函数 $F_2(x)$ 与一类被称为**椭圆函数**的特殊的解析函数有紧密的联系. 椭圆函数具有很多良好的性质,并且雅可比(Jacobi)使用它证明了下面的定理:

定理 10.5　如果 $n > 0$,那么 $r_2(n) = 4\delta(n)$.

我们来更好地定义 $\delta(n)$. 定义 $\delta(n) = d_1(n) - d_3(n)$,这里 $d_1(n)$ 是将 n 除以 4 余数为 1 的正因数的个数,$d_3(n)$ 是将 n 除以 4 余数为 3 的正因数的个数.(还记得"Ⅰ型"和"Ⅲ型"素数吗? 如果你还记得,那不应该感到奇怪——除以 4 后的余数会在此出现.)

例如,$\delta(1)$ 是什么? 1 仅有一个正因数,即 1,并且它除以 4 后的余数是 1. 于是 $d_1(1) = 1$ 且 $d_3(1) = 0$,因此 $\delta(1) = 1 - 0 = 1$. 毫无悬念,$r_2(1) = 4$.

你可能会认为,我们只是除以 4 才得到一个简单的公式,因为一般来说,如果 a 和 b 是两个不同的正数,那么当把被减数的顺序和平方根的不同符号区别对待时, $a^2 + b^2 = n$ 将会计算 8 次. 然而, 计数更加微妙. 例如, $8 = 2^2 + 2^2$, 这里仅算了 4 次(因为 $(\pm 2)^2 + (\pm 2)^2$)而不是 8 次, 因为我们在这儿交换加数, 并不会得到新的东西.

不妨继续检查 $r_2(8)$ 的公式. 这里没有其他方式将 8 写成两个平方数的和, 因此 $r_2(8) = 4$. 现在 8 的正因子是 1, 2, 4 和 8, 只有一个除以 4 后余数为 1 并且没有除以 4 后余数为 3 的因子. 因此 $\delta(8) = 1$, 公式再次有效.

对涉及 0 的例子, 我们来看 $r_2(9)$. 因为 $9 = 0^2 + (\pm 3)^2 = (\pm 3)^2 + 0^2$, 我们得到 4 种(不是 8 种, 因为 $0 = -0$). 这里没有别的方式了. 因为 $r_2(9) = 4$, 9 的正因子是 1, 3 和 9. 有两个除以 4 后余数是 1, 有一个除以 4 后余数是 3. 因此 $\delta(9) = 2 - 1 = 1$, 公式仍旧有效.

计算你自己举的例子很有趣. 请注意, 我们可以从定理的公式中很快推出一个非常明显的额外事实:

(1)将 n 写成两个平方数的所有方法的总数(按我们的规定计算)总是能被 4 整除.

(2)对所有正数的 n, $d_1(n) \geqslant d_3(n)$.

定理 10.5 能被直接证明而无须使用生成函数(Hardy & Wright, 2008, 定理 278). 该证明依赖于高斯整数(也就是说, 形如 $a + bi$ 的复数, a 和 b 是普通整数)的唯一分解. 但是一旦考虑多于两个平方数之和时, 使用生成函数的方法会更富成效.

3. 生成函数的最后一个例子

对于最后一个生成函数的实用例子, 我们将通过对其微分来处理. 回忆此前的黎曼 ζ- 函数. 它是关于 s 的复解析函数, 因此可以对 s 微分.

假定要研究素数集. 可以试着利用一个非常简单的函数:

$$a(n) = \begin{cases} 0 & \text{如果 } n \text{ 不是素数} \\ 1 & \text{如果 } n \text{ 是素数} \end{cases}$$

那么,将 $a(n)$ 关于 n 从 1 到 N 相加会告诉我们在 1 到 N 之间的素数的个数. 将这个数称为 $\pi(N)$. 该定义是研究素数定理的很小的一步,而素数定理给出了 $\pi(N)$ 的一个很好的近似. 用最简洁的形式,素数定理为

$$\lim_{N\to\infty}\frac{\pi(N)}{\dfrac{N}{\log N}}=1$$

这表明 $a(n)$ 并不是一个容易处理的函数. 数字呈现成倍增加,因此下一个猜测是使用

$$b(n)=\begin{cases}0 & \text{如果 } n \text{ 不是素数幂}\\ 1 & \text{如果 } n \text{ 是素数幂}\end{cases}$$

它比之前的序列稍好,但这还不够. 问题是当 n 是一个素数次幂时, $b(n)$ 不依赖素数 n 是哪个素数的次幂. 最后,我们尝试

$$\Lambda(n)=\begin{cases}0 & \text{如果 } n \text{ 不是素数幂}\\ \log p & \text{如果对某个素数 } p,n=p^m\end{cases}$$

这里,字母习惯上用 Λ.

我们就可以生成 Dirichlet 函数:

$$g(s)=\frac{\Lambda(1)}{1^s}+\frac{\Lambda(2)}{2^s}+\frac{\Lambda(3)}{3^s}+\cdots$$

由此就有了令人惊异的定理(Hardy & Wright, 2008)

$$g(s)=-\frac{\zeta'(s)}{\zeta(s)} \tag{10.6}$$

这个等式强烈暗示 $\zeta(s)$ 的性质可能对素数理论产生强有力的影响.

我们来证明式(10.6). 证明过程相当复杂,但它表明你该如何用各种像处理函数的方式一样来处理生成函数,再加上连续使用几何级数公式,真的可以让你达到目的. 第一步是写下公式

$$\zeta(s) = \left(\frac{1}{1-2^{-s}}\right)\left(\frac{1}{1-3^{-s}}\right)\left(\frac{1}{1-5^{-s}}\right)\cdots \qquad (10.7)$$

式(10.7)称为 $\zeta(s)$ 的欧拉乘积. 让我们看一下为什么式(10.7)是正确的.
乘积右边的一般项是 $\frac{1}{1-p^{-s}}$, 这里的 p 是素数. 使用几何级数公式, 有

$$\frac{1}{1-p^{-s}} = 1 + p^{-s} + (p^2)^{-s} + (p^3)^{-s} + \cdots$$

为保证公式正确, 必须限制"公比" p^{-s} 的绝对值小于 1. 可以限制复数 s 的实
部大于 0 来满足要求. 事实上, 为了保证后面具有更好的收敛性, 需要 s 的实
部大于 1.

现在请想象一下把这些关于所有素数的无穷级数乘在一起(暂不考虑
收敛性问题——当你检查每个细节时, 你会发现这不是问题), 合并同类项.
例如, 60^{-s} 的系数是什么? 为得到 60^{-s}, 我们必须把 $(2^2)^{-s}$, 3^{-s} 和 5^{-s} 乘在
一起. 这是因为 $60 = 2^2 \cdot 3 \cdot 5$, 根据指数运算律, 指数中的 $-s$ 保持不变. 请注
意 $(2^2)^{-s}$ 来自 $\frac{1}{1-2^{-s}}$, $(3)^{-s}$ 来自 $\frac{1}{1-3^{-s}}$, 以此类推. 用这种方法恰好得到
一个 60^{-s}, 并且这是唯一的方法, 得到 60^{-s} 的唯一方法. 为什么? 因为整数
的素因子分解是唯一的. 这就是为什么式(10.7)是正确的. 欧拉乘积实际上
是用生成函数重述了唯一分解定理!

现在通过取对数将乘法转化为加法, 可得

$$\log(\zeta(s)) = \log\left(\frac{1}{1-2^{-s}}\right) + \log\left(\frac{1}{1-3^{-s}}\right) + \log\left(\frac{1}{1-5^{-s}}\right) + \cdots$$

$$(10.8)$$

这里复函数的对数含义还不明确. 请注意对任意整数 k, 有 $e^z = e^{z+2\pi i k}$.
如果 $w = e^z$, 且条件满足的情况下, 我们取 $\log w$ 为 $z, z + 2\pi i, z - 2\pi i$ 等随 z
的改变而一致的变化, 只要 z 变化不大, 就将其称为对数的"一个选择分
支". 我们的确可以选择 $\log(\zeta(s))$ 的一个分支以保证式(10.8)成立.

接下来, 我们在两边对 s 求导数. (仍无须考虑收敛性, 推理细节表明这没

有问题.)回忆 $\log(s)$ 的导数是 $\dfrac{1}{s}$ 以及链式法则. 因此, 我们可以对任意一个

解析函数 $f(s)$ 定义它的 $\log f(s)$ 的分支, 且有 $\dfrac{\mathrm{d}}{\mathrm{d}s}\log f(s)=\dfrac{f'(s)}{f(s)}$. 根据链式

法则及指数函数的导数是它自身, 可得 $\dfrac{\mathrm{d}}{\mathrm{d}s}n^{-s}=\dfrac{\mathrm{d}}{\mathrm{d}s}\mathrm{e}^{(-\log n)s}=-(\log n)\mathrm{e}^{(-\log n)s}=$

$-(\log n)n^{-s}$.

公式左边可得

$$\frac{\mathrm{d}}{\mathrm{d}s}\log\zeta(s)=\frac{\zeta'(s)}{\zeta(s)}$$

在另一边, 对含有素数 p 的项, 有

$$\frac{\mathrm{d}}{\mathrm{d}s}\log\left(\frac{1}{1-p^{-s}}\right)=-\frac{\mathrm{d}}{\mathrm{d}s}\log(1-p^{-s})=-\frac{(1-p^{-s})'}{1-p^{-s}}$$

$$=\frac{-(\log p)p^{-s}}{1-p^{-s}}=\frac{-\log p}{p^{s}-1}$$

其中, 最后一步是将分子与分母同乘以 p^{s}.

若将它们放在一起, 我们可得到一个完美的公式

$$\frac{\zeta'(s)}{\zeta(s)}=-\frac{\log 2}{2^{s}-1}-\frac{\log 3}{3^{s}-1}-\frac{\log 5}{5^{s}-1}-\cdots$$

现在猜猜会发生什么? 让我们再次利用几何级数公式:

$$\frac{1}{p^{s}-1}=\frac{p^{-s}}{1-p^{-s}}=p^{-s}+(p^{2})^{-s}+\cdots=\sum_{m=1}^{\infty}p^{-ms}$$

于是

$$\frac{\zeta'(s)}{\zeta(s)}=-\log(2)\sum_{m=1}^{\infty}2^{-ms}-\log(3)\sum_{m=1}^{\infty}3^{-ms}-\log(5)\sum_{m=1}^{\infty}5^{-ms}-\cdots$$

因为这些级数之和绝对收敛, 所以我们可以按任何喜欢的方式进行重排. 特别地, 有

$$\frac{\zeta'(s)}{\zeta(s)} = -\sum_{n=1}^{\infty} \Lambda(n) n^{-s} = -g(s)$$

这就是所求, 证毕.   □

如果你把式(10.6)只想象成是两个生成函数 $\zeta(s)$ 和 $g(s)$ 的定义,那么这看起来像是一个奇迹. 取 ζ 的导数并除以 ζ. 但 ζ 有一个涉及正整数的简单定义(当然,它们都会导出复数幂 ……). 我们得到的 g,它记录了哪些整数是素数的幂,哪些不是,也包括素数的对数. 可能会倾向于避免这些对数,但你不能太贪心. 出现对数是因为幂 s 的升高——它们不可避免地会出现在公式中.

第三部分

/ 模形式及其应用 /

第 11 章　上半平面

1. 回顾

　　首先,复习一下第 8 章的一些概念. 在该章中使用 $z = x + \mathrm{i}y$ 表示复数或复变量. 因此 x 是其实部,而 y 是其虚部. 几何上把 z 看作复平面 $\mathbf{C}$,即笛卡儿 xy- 平面上的一个点. z 的绝对值(或模)是 $|z| = \sqrt{x^2 + y^2}$. z 的幅角 $\arg(z)$(用弧度度量)是复平面上从原点到 z 的线段与 x- 轴的正半轴所张的角. 上半平面 H 定义为

$$H = \{\text{虚部为正的复数}\}$$

参见图 7.1 和图 8.1. 另外注意 $H = \left\{ z \in \mathbf{C} \mid 0 < \arg(z) < \pi \right\}$.

　　我们还需要用到如下定义的函数 $q(z)$:

$$q = \mathrm{e}^{2\pi\mathrm{i}z}$$

这里 z 是取遍上半平面 H 的变量. 通常在符号中省略因变量 z,目的是使复杂的公式更易于阅读. 我们把 $q(z)$ 解释为从 H 映到去心单位圆

$$\Delta^* = \left\{ w \in \mathbf{C} \mid 0 < |w| < 1 \right\}$$

上的函数,同时也用到 q 的重要性质:

$$q(z + 1) = q(z)$$

根据这一性质,我们解释了如何得到大量周期为 1 的函数,并且提到了下面

的重要定理:

定理 11.1 假设 $f(z)$ 是一个在上半平面 H 上的周期为 1 的函数,它是解析的并且当 $y \to \infty$ 时表现良好. 那么 $f(z)$ 等于如下形式的某个级数

$$a_0 + a_1 q + a_2 q^2 + \cdots + a_n q^n + \cdots$$

接下来将讨论函数 q 的一些几何性质.

2. 带形

让我们更细致地来看函数 $q : H \to \Delta^*$. 这个函数是"映上"的,它意味着去心单位圆盘 Δ^* 上的任意复数 w 都是 q 的像. 换句话说,对任意的 $w \in \Delta^*$, 总存在 $z \in H$, 使得,

$$q(z) = w$$

可用取对数来证明以上结论.

现在我们想知道这个方程的解有多少个? 记住 q 是周期为 1 的函数,如果 z 是解,那么 $z + 1$ 和 $z - 1$ 也是. 如此重复,其结果是如果 z 是解,对任意整数 k, $z + k$ 也是. 因此,我们总能得到无穷多个解.

这无穷多个解有一个好的性质:它们的差恰好是整数集. 一个重要问题是"还有别的解吗?"为了回答这个问题,我们必须更仔细地观察这个方程. 使用函数 q 定义,我们知道应该求解方程

$$e^{2\pi i z} = w$$

在第 8 章中,稍微计算一下表明,

$$q = e^{-2\pi y} e^{2\pi i x}$$

$q(z)$ 的模是 $e^{-2\pi y}$, $q(z)$ 的幅角是 $2\pi x$, 在这里,和前面一样,仍然令 $z = x + iy$.

一个位于上半平面的复数由它的模与幅角决定. 假设所求的 w 的模等于 a ($a > 0$) 且 w 的幅角为 θ [1]. 寻找 $z = x + iy$ 满足 $q(z) = w$ 归结为求满足 $e^{-2\pi y} = a$ 的 y 的值以及求 x 的值使得 $2\pi x - \theta$ 是 2π 的整数倍. 这里 y 只有一种可能,即 $y = -\dfrac{1}{2\pi}\log(a)$. 然而,这里有无穷多个 x 满足条件,即 $x = \dfrac{1}{2\pi}\theta + k$, k 为任意整数.

事实上,我们已经发现,对任意的 z,解方程 $q(z) = w$,可得其他解,即对任意整数 k,都有 $q(z + k) = w$. 上面的计算表明它们是 $q(z) = w$ 的所有解.

因此,从几何上来看,我们将 z 的实部限制在 $\dfrac{-1}{2}$ 和 $\dfrac{1}{2}$ 之间(除了 $\pm\dfrac{1}{2}$,这里也可任意选择 b 到 $b + 1$ 这样两个相互距离为 1 的实数)即"竖条" V,具体来讲:

$$V = \left\{ z = x + iy \in H \;\middle|\; -\frac{1}{2} < x \leqslant \frac{1}{2} \right\}$$

如图 11.1 所示. 图中左边线是虚线表明它不属于 V, 右边线是实线表明它属于 V.

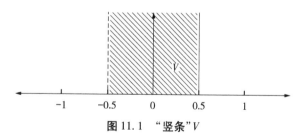

图 11.1 "竖条" V

易知 $q(z) = w$ 在 V 里有唯一解,并称 V 为 $q(z) = w$ 的解集的一个**基本域**.

为便于将来使用,用更时髦的语言来重新描述. 通过将上半平面向左或向右平移整数个单位,我们得到 H 上的一个变换"群". 换句话说,群中的元素 g_k,这里 k 是一个特定的整数,通过如下规则"作用"在 H 上

---

[1]　请回忆一个复数 z 的幅角由 2π 的整数倍唯一决定. 尽管通常将幅角限制在 0 到 2π 之间,但是我们总可以将幅角加上 2π 而保持 z 不变.

$$g_k(z) = z + k$$

因此,称 V 是群作用在 H 上的一个"基本域",因为任意点 $z \in H$ 可通过 g_k 平移为 V 中唯一一点. 据此,可以说,对任意 $z \in H$,存在唯一的整数 k 满足 $g_k(z) \in V$. 由于唯一性,我们也能断言如果 z_1 和 z_2 都是 V 中的点且对某个 k 使得 $g_k(z_2) = z_1$,那么 $z_1 = z_2$.

在本章的后面,我们将在一个更复杂的情况下回到基本域的概念.

3. 几何是什么?

上半平面是双曲、非欧平面的一个模型. 完整地解释它可能需要另外写一本书,下面作简单概述.

几何也许始于古埃及人在地图上丈量土地. (这就是几何在希腊语中的意思:土地丈量.)古希腊人中,它是用来研究(看起来是什么)我们生活的二维或三维的空间的学问. 在现代数学中,"几何"这个词承载了更多的意义.

我们仍然坚持使用"平面几何",也就是说,二维几何. 平面几何的一个例子就是欧几里得《几何原本》里面研究的平面. 欧几里得研究的对象是点、线和圆. (在本书中,通常说的"线"是指"直线".)在《几何原本》中,你可以用"直尺"(没有刻度的直尺)将两点连成线段;也可以用圆规画圆;你还可以用圆规将线段从一个地方移到另一个地方,保持线段的长度不变. 因此,我们将欧氏平面看成点的"二维流形",其上有一个度量可以衡量两点之间的距离. 任意两点决定了唯一一条直线,并且两点始终保持在直线上.

任意两条直线相交于唯一一点吗? 并不总是:平行直线根本就不会相交. 在欧氏几何中,给定一条直线和直线外一点,存在唯一过该点且与已知直线不相交的直线(参见图 11.2).

图 11.2 平行公设

新直线与旧直线被称为相互平行. 关于存在平行直线的断言等价于《几何原本》里的第五公设. 它被称为"平行公设".

设想你有一本擦掉所有图的《几何原本》,然后你要求一个满足所有公理与公设的具体的点集(跳过定义,这里欧几里得试图解释"点"和"线"究竟是什么意思). 如果你发现了这样一个集合,就可以称它为欧氏几何的一个"模型". 例如,熟悉的理想平面就是在所有的方向无限延伸并带有通常的距离(两点之间距离的概念)的欧氏几何模型. 在平面上的点是点,连接点的是线等. 这并不奇怪,因为它就是欧几里得心目中的理想平面.

但是,令人惊讶的是,我们可以创造别的欧氏几何模型. 对下面的例子,没有任何别的特殊的原因,但我们可以在空间中取一个抛物面 P,P 上的点是声称的点. 从而有一种方法指定 P 上的某种曲线是直线,并且选择一个 P 的度量,满足欧氏几何的所有的公理和公设. 因此,所有的关于《几何原本》的定理也为真. 这是另一个欧氏几何模型,不同于平坦的平面,但对于所有的欧氏几何的公理、公设而言,等价于平面.

另一个例子:可以取一个没有边界的正方形 E 并指定特定的点集是线. 我们也可以定义某个度量使得 E 成为另一个欧氏平面的模型. 对于这种新的度量,E 的对边附近的两点将有一个很大的距离.

笛卡儿还教会我们用另一种方法来创建一个欧氏几何模型. 取 D 表示所有的实数对 (x,y). 称每个数对都是模型中的一个点. 模型中的直线是所有由方程 $ax + by = c$ 的解构成的点集,这里的 a,b 和 c 是实常数(a,b 不同时为零). 通过定义两点 (x,y) 和 (t,u) 之间的距离为 $\sqrt{(x-t)^2 + (y-u)^2}$ 来定义度量,所有的公理、公设和欧氏几何定理对 D 仍然是正确的. 但 D 只包含数对,没有任何真正的几何点.

4. 非欧几何

几个世纪以来,部分人试图证明平行公理可以由其他公理或公设导出. 在 19 世纪,它被证明是不可能的. 为什么? 数学家建立了各种模型,除平行公设外,其他的公理和公设都成立,欧几里得自己可以这样做,但希腊人没有考虑过这样的问题. 欧几里得似乎倾向于描述他心目中的——理想平面,情况就是如此. 不知道他和他的同事们是否试图证明过第五公设,当他们不能证明时,就把它作为一个假设. 我们倾向于猜测他们试图做过.

现在回到上半平面 H 并把它看作一个几何模型,它能保证除平行公设不成立外,其他所有欧氏几何的公理和公设均成立. 取 H 中的点为模型中的点,模型中的直线描绘起来有点复杂. 我们的做法是. H 中任意两个不同的点 p 和 q 确定唯一的直线. 如果 p 和 q 具有相同的实部,那么在所构造的模型中,可以断言在 H 中连接它们的竖半直线为"直线". 否则,就有以 x- 轴上的点为圆心的一个唯一的半圆通过 p 和 q. 在模型中,称这个半圆为"直线". 我们也能通过连接 p 和 q 的"线"来做某种积分进而描述它们之间的距离,即位于上半平面的 p 和 q 之间的距离等于

$$\int_L \frac{1}{y} \mathrm{d}s$$

这里的 L 是连接 p 和 q 的"线"段(也就是说,半圆弧或者垂线段),并且 $\mathrm{d}s$ 是复数域 $\mathbf{C}$ 中标准的欧氏距离(也就是说,$\mathrm{d}s^2 = \mathrm{d}x^2 + \mathrm{d}y^2$). (如果你不知道积分的确切含义,可以略去这些细节. 仅需知道两点之间有某个距离的确切定义.)

现在(如果你愿意),你可以验证所有欧几里得公理和公设对这个几何模型成立,给定一条经过点 q 的"直线" L,p 不在"直线"上,并不只有唯一通过 p 的直线与 L 不相交,而是,这里有无穷多条直线. 如图 11.3 所示,例如,两条直线 L_1 和 L_2 都通过 p,但它们都与 L 不相交.

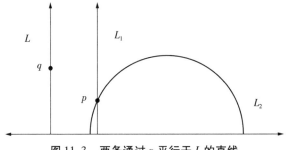

图 11.3　两条通过 p 平行于 L 的直线

因此,许多与《几何原本》相关的定理在如此定义的点、线和距离的 H 上不再成立. 例如,三角形的内角加起来小于 $180°$.

现在用"线"这个术语就变得含义模糊. 如果在 H 上看,"线"可能指的是欧氏直线,或者是非欧氏直线(在先前的一段中,加了引号). 为了避免混

淆,通常使用"测地线"一词指非欧平面上的线.

称 H 上的几何模型为"双曲平面"模型. 这里还有其他双曲平面模型. 例如,可以把开单位圆盘作为点集并定义测地线和一些适当的度量,这里不再详细描述.

5. 群

早在 19 世纪下半叶,在菲利克斯·克莱因领导下,许多数学家看待几何的方式就有了一个决定性转变. 其基本思想帮助我们将兴趣集中在某种"群"上,它对研究模形式至关重要. 模形式理论离不开这个群.

首先,什么是群?[1] 它是一个定义了"乘法"的集合. 这种运算不必是通常的乘法. 它只是一种将两个元素结合在一起,得到第三个元素的特定方式. 我们把 g 和 h 相乘简单地并列后并写成: gh. 一个群必须包含一个特定的元,称为"中性元",它在乘法的意义下保持与他相乘的元素不变. 例如,如果这个中性元是 e, 那么任意给定群中的元 g, 总有 $ge = eg = g$. 请注意同时写出 ge 和 eg, 因为没有哪个群一定要求服从乘法交换律.

其次,群的另一个必需性质是对任意群中的元素 g, 存在某个(唯一确定)元素 j 满足 $gj = jg = e$. 当然,j 依赖于 g, 并且将其记为 g^{-1}, 读作" g- 的逆". 例如,$ee = e$, 因此,e 是其自身的逆,记为 $e = e^{-1}$. 通常,元素的逆元素是不同的元,不过除 e 外也有其他元素是自身的逆元. 也可能根本不存在. 这取决于群.

最后,一个需要群的性质是乘法结合律:对任意群中的元素 g, h 和 k, 满足有 $(gh)k = g(hk)$. 因为结合律成立,通常省略括号只写 ghk 表示三重积.

这里有数不清的群——事实上,有无穷多种类的群,并且每一种都有无限多个例子. 在本书中,我们唯一需要详细讨论的群是矩阵群. 其实你已经

---

[1] 我们在这里将简要说明. 详细的论述,你可以参阅阿什和格罗斯的著作(2006,第 2 章和第 11 章).

知道了一些群. 例如, 实数集 **R**, 我们所宣称的"乘法"就是普通加法, 是一个群. 中性元素是 0, 元素 x 的逆元是 $-x$, 并且你可以验证所有要求的条件均满足.

如你所见, 受到"乘法"一词的困扰. 有时, 我们将群的两个元素相乘, 生成新的元素的"乘积"规则, 赋以一个不同的叫法: 将这个规则称为"群规则". 因此在前面的例子中, 可以说"**R** 是一个加法群".

现在你可以思考其他群. 例如, 可以取整数集, 群规则是加法, 或者非零实数集, 群规则是普通乘法(在这个例子中, 中性元素是 1).

这些都是由数构成的群, 并且它们中的任意一个, 群规则是交换的(也就是说, 对任意群中的一对元素有 $gh = hg$). 函数集合通常给了我们大量有趣的群, 并且常常是不可交换的. 例如, 令 T 为超过两个元素的集合. G 为所有 T 到 T 的一一对应 f 的集合. 将 f 看成 T 到 T 的函数. 取定 T 中的一个元素 t, 符号 $f(t)$ 表示 t 在 f 下的像.

定义群规则为函数的复合: 如果 f 和 g 在 G 中, 那么 fg 定义为将 T 中的任意元 t, 依照一对一的方式映为 $f(g(t))$. (请注意在这个定义中 f 和 g 的顺序.)在这种规则下, G 是一个群. 中性元素 e 以一对一的方式将每个 T 中的元映成自身: 对任给的 $t \in T, e(t) = t$. 这个群是不可交换的(因为我们假设 T 至少包含 3 个元).

现在来解释菲利克斯·克莱因的理论, 限于篇幅, 只能简要描述. 克莱因谈到一个你感兴趣的几何模型. 假设模型是一个集合, 其上定义了点、测地线和距离. 考虑由所有保持这些概念的一对一映射 $f: T \to T$ 构成的集合 G. 换句话说, $f($点$) =$点且 $f($线$) =$线[1]. 而且, 如果距离公式告诉你两个点 t 和 u 之间的距离是 d, 那么两个点 $f(t)$ 和 $f(u)$ 之间的距离也同样是 d.

请注意 G 至少有一个元素, 即中性元 e 所定义的一对一对应. 利用函数复合的群规则, 很容易检验 G 是一个群. 这个群显然与你开始所用的几何密切相关. 如果这个几何足够"齐次", 那么实际上你可以由群 G 的结构单独重

---

[1] 我们采用的是常用的和有用的符号, 如果 A 是 T 的任意一个子集, 那么 $f(A)$ 定义为所有 $a \in A$ 的像 $f(a)$ 构成的子集.

建. 这就是克莱因建议创建新几何的一般方法, 从足够"齐次"的抽象群开始. 他的观点极富成效.

例如, 假设 T 是欧氏平面的一个模型. 为了更具体化, 设它为笛卡儿模型并记为 D. 如果要从这个几何中得到一个群 G, 它的元素是什么? 我们不得不想到从 D 到自身并保持点、线和距离的一一对应. 因为几何中的点正好是集合 D 中的点, 保持点的对应是自动的. 因为线是两点之间的最短距离(一个平凡的事实), 如果保持距离, 线也将保持. 所以我们只需问: 找到所有从 D 到自身并保持距离的一一对应.

你能做什么? 你可以绕着某一点旋转 D, 可以沿某个矢量平移 D. 也可以复合这两类函数. 结果群 G 是从 D 到 D 的一一对应: 由绕某点旋转某个角度, 沿某一方向平移一段距离组成.

这个群 G 传统上称为**欧氏运动群**. 可以用公式来描述 G 的元素. 你可以用绕 $(0,0)$ 逆时针旋转某个称为 θ 的弧度, 沿给定的称为 (a,b) 的某个向量平移, 得到 G 中的任意一个元. 将它写成公式

$$(x,y) \to g(x,y) = (a + x \cos\theta - y \sin\theta, b + x \sin\theta + y \cos\theta)$$

参见图 11.4.

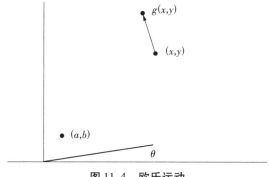

图 11.4　欧氏运动

以上仅描述了 G 中一半的元素. 如果你愿意, 可以将平面沿特定的线作反射. 例如, 沿 y-轴的反射给出了公式

$$(x,y) \to (-x,y)$$

如果你愿意, 可以将这一公式添加到前面的公式中, 从而得到群 G 中的

最一般的欧氏运动公式,克莱因教导我们,点、线和距离不是绝对的. 有时你可能想忽略距离,在这种方式中,你就可以定义更一般的几何,如射影几何,甚至有限几何,它只有有限数量的点和线!

在下一节中,将展示如何使用矩阵描述欧氏运动,然后准备好从克莱因的观点来看双曲几何.

6. 矩阵群

在本书中,仅需要讨论 2×2 矩阵. 什么是 2×2 矩阵? 它是如下形式的数组

$$\begin{bmatrix} a & b \\ c & d \end{bmatrix}.$$

这里 a, b, c 和 d 可以是任意数. 如果取定数系[1],如 $\mathbf{R}$ 或者 $\mathbf{C}$,即从它们中选取 a, b, c 和 d,那么称这些数组构成的集合为 $M_2(\mathbf{R})$ 或者 $M_2(\mathbf{C})$. 如果记 A 是任意一个数系,那么符号 $M_2(A)$ 表示元素取自 A 的 2×2 数组集合. 下标 2 告诉我们处理的是 2×2 数组. 矩阵乘法由下面的规则给出:

$$\begin{bmatrix} a & b \\ c & d \end{bmatrix} \begin{bmatrix} e & f \\ g & h \end{bmatrix} = \begin{bmatrix} ae + bg & af + bh \\ ce + dg & cf + dh \end{bmatrix}.$$

初看时有点复杂,但对我们来说它是正确的定义. 利用这个规则,你会明白矩阵

$$\mathbf{I} = \begin{bmatrix} 1 & 0 \\ 0 & 1 \end{bmatrix}$$

---

[1] 在我们考虑范围内的任何数系,我们假定 $1 \neq 0$,并且其加法和乘法服从结合律和交换律,以及乘法对加法的分配律.

是矩阵乘法的中性元. 做一点辛苦的代数运算, 你就会知道矩阵乘法总是满足结合律.

这意味着 $M_2(A)$ 是矩阵乘法的群吗? 不是, 矩阵

$$\mathbf{O} = \begin{bmatrix} 0 & 0 \\ 0 & 0 \end{bmatrix}$$

具有特殊的性质, 它乘以任意矩阵都是 $\mathbf{O}$. 因此它不可能有逆矩阵 $\mathbf{O}^{-1}$. 而它需要满足 $\mathbf{OO}^{-1} = \mathbf{I}$. 因为群的规则要求可逆, 这一发现表明 $M_2(A)$ 在矩阵乘法的意义下不是群.

事实上, 你不必如此激进地去寻找没有逆的例子. 你可以验证, 例如, 矩阵

$$\begin{bmatrix} 1 & 0 \\ 1 & 0 \end{bmatrix}$$

在矩阵乘法下没有逆, 并且有许多其他的例子.

我们不得不接受 $M_2(A)$ 不是一个群的事实, 转而看比 $M_2(A)$ 更小的子集. 我们定义这样一个子集, 称为 $\mathrm{GL}_2(A)$, 它是元素取自 A, 在矩阵乘法下可逆的 2×2 矩阵并且逆矩阵的元素也属于 A 的集合. (字母 GL 表示"一般线性".)

幸运的是, 对确定的一个 2×2 矩阵在乘法下具有或不具有逆元有一个简单的判别方法. 通过如下公式定义一个 2×2 矩阵的"行列式":

$$\det \begin{bmatrix} a & b \\ c & d \end{bmatrix} = ad - bc.$$

例如, $\det(I) = 1 \cdot 1 - 0 \cdot 0 = 1$ 而 $\det(O) = 0 \cdot 0 - 0 \cdot 0 = 0$. 行列式是"可乘的"意味着 $\det(KL) = (\det K)(\det L)$.

定理 11.2　矩阵 K 在 $\mathrm{GL}_2(A)$ 中的乘法下可逆当且仅当 $\det(K)$ 在 A 中有一个乘法逆元.

证明这个定理并不困难, 但我们不打算证明它. 仅做容易的部分; 即如果 $\det(K)$ 在 A 中有一个乘法逆元, 就能写出 K 的逆矩阵公式. 这当然表明

它有一个逆. 公式如下, 这里假定 $ad - bc \neq 0$:

$$\begin{bmatrix} a & b \\ c & d \end{bmatrix}^{-1} = \frac{1}{ad - bc} \begin{bmatrix} d & -b \\ -c & a \end{bmatrix}.$$

记忆方法: 将对角线上的元交换, 再将反对角线上的元变成负值, 然后除以行列式. 现在给出一般线性群的明确定义:

$$\mathrm{GL}_2(A) = \{ K \in M_2(A) \text{ 满足 } \det(K) \text{ 在 } A \text{ 中有乘法逆元} \}$$

例如, 如果数系是 $\mathbf{R}$, 那么任意非零数在 $\mathbf{R}$ 中都有逆元, 因此

$$\mathrm{GL}_2(\mathbf{R}) = \{ K \in M_2(\mathbf{R}) \mid \det(K) \neq 0 \}$$

类似地可定义 $\mathrm{GL}_2(\mathbf{C})$.

另一方面, 如果数系是整数集 $\mathbf{Z}$, 那么仅有 1 和 -1 在 $\mathbf{Z}$ 中有乘法逆元, 因此

$$\mathrm{GL}_2(\mathbf{Z}) = \{ K \in M_2(\mathbf{Z}) \mid \det(K) = \pm 1 \}$$

请注意, 我们非常小心所取的数系在 "何处". 例如, 矩阵

$$K = \begin{bmatrix} 1 & 2 \\ 3 & 4 \end{bmatrix}$$

其行列式为 -2 且有逆矩阵

$$\begin{bmatrix} -2 & 1 \\ \dfrac{3}{2} & -\dfrac{1}{2} \end{bmatrix}$$

因此, K 是 $\mathrm{GL}_2(\mathbf{R})$ 中的元而不是 $\mathrm{GL}_2(\mathbf{Z})$ 中的元.

我们能够用矩阵列出平面上的所有欧氏运动. 不难验证下面每一个都是一个欧氏运动, 并且一些更多的尝试会证明这个列表包括所有的欧氏运动. 因此, 欧氏运动群可以被描述为一对 (K, v) 构成的集合, 这里的 K 是 $\mathrm{GL}_2(\mathbf{R})$ 中的形如下式的矩阵

$$\begin{bmatrix} \pm\cos\theta & -\sin\theta \\ \pm\sin\theta & \cos\theta \end{bmatrix}$$

而 v 是具如下形式的向量

$$\begin{bmatrix} a \\ b \end{bmatrix}$$

数对 (K, v) 对应于在平面上将向量 x 变到新的向量 $Kx + v$ 的运动. 群规则有些复杂, 然而在后面我们将去掉这些讨论. 对接下来的上半平面来说, 情况将变得更简单且容易描述.

7. 双曲非欧平面上的运动群

一旦采用克莱因的观点, 就有许多不同种类的几何. 即使在克莱因之前, 数学家们也意识到存在不同的二维非欧几何. 例如, 双曲平面和球. 存在多少种不同的几何依赖于术语"几何"的精确定义. 在本书的剩余部分, 我们只关心一种类型的非欧几何, 称为**双曲平面**. 在这种情况下, 为了强调它不服从关于平行线的欧氏第五公设, 人们习惯上使用术语"非欧平面"指代双曲平面. 在这里将继续沿用这一传统.

设 G 为双曲非欧平面上的运动群. 模型为上半平面 H. 因此, 我们要寻找一对一的对应关系 $f: H \to H$, 其中, f 具有保持点 (它是自动的)、测地线和距离的性质.

在这之前, 请回忆保持测地线意味着 f 将任意给定的垂直射线变为 (可能相同) 另一条半垂线或者圆心在 x-轴的半圆弧. 它必定也能将任意半圆弧变为另一个 (可能相同) 半圆弧或者一条半垂线.

这里明显有一类函数 $f \in G$: 通过实数 b 移动. 换句话说, 如果 b 是任意实数, 那么 H 上的函数

$$z \to z + b$$

把半垂线变为半垂线并且把半圆弧变为半圆弧——它正好是将它们移动了

129

b. 事实上,这个函数也保持了距离,因此这样的函数在群 G 中.

还有别的吗? 另一种我们能做的是用复共轭描述的翻转:

$$z \longrightarrow -\bar{z}$$

(如果 $z = x + iy$, 那么 $\bar{z} = x - iy$ 且 $-\bar{z} = -x + iy$.)这个翻转也是保持测地线和距离的函数.

此外,稍微不明显的函数是扩张函数. 即如果 a 是任意一个正实数,然后可以验证乘以 a 后它保持测地线和距离,称其为 a "扩张":

$$z \longrightarrow az$$

请注意,最好确保 a 是正数,如果 a 是负数,它将把上半平面变成下半平面.

把所有这些函数放在一起,可得到如下类型的函数

$$z \longrightarrow az + b \text{ 或者 } a(-\bar{z}) + b$$

如果就这些,我们将不会得到一个有趣的群. 一方面,所有这些运动扩展到整个复平面 **C**. 另一方面,它们将半直线变成半直线并且将半圆变成半圆. 它们不会混合起来. 但还有第四种非欧几里得运动使事情变得更有趣.

考虑一下什么是所谓的"**反演、倒置**":

$$\iota(z) : z \longrightarrow -\frac{1}{z}$$

请注意这里并没有除以零的风险. 因为 z 在上半平面,因此, $z \neq 0$. 我们来看它对由 $x = 0$ 给出的半垂线会发生什么. 由 $z = iy$ 并且 $\iota(z) = -\frac{1}{(iy)} = \frac{i}{y}$,

因为 $i^2 = -1$ 意味着 $\frac{1}{i} = -i$. 这显然很有趣: ι 将这条特殊的半垂线变成了它自己——虽然它把它翻过来了,这多少有点令人吃惊.

对别的半垂线,它是如何变化的呢? 例如,由 $x = 3$ 给出的半垂线? 那么 $z = 3 + iy$ 并且

$$\iota(3 + iy) = -\frac{1}{3 + iy} = -\frac{3 - iy}{(3 + iy)(3 - iy)} = -\frac{3 - iy}{3^2 + y^2}$$

当 y 从 0 变到 ∞ 时,曲线 $w = -\dfrac{3-\mathrm{i}y}{9+y^2}$ 描绘了什么? 令 $\xi = -\dfrac{3}{9+y^2}$ 且 $\eta = \dfrac{y}{9+y^2}$,因此 $w = \xi + \mathrm{i}\eta$. 我们必须消去 y 从而得到关于 ξ 和 η 的方程. 为简便起见,记 $t = 9 + y^2$. 那么

$$\xi = -\frac{3}{t}, \xi^2 = \frac{9}{t^2}, \text{ 并且 } \eta^2 = \frac{y^2}{t^2} = \frac{t-9}{t^2}$$

故可得 $t = -\dfrac{3}{\xi}$,因此 $\eta^2 = \left(-\dfrac{3}{\xi} - 9\right)\left(\dfrac{\xi^2}{9}\right) = -\dfrac{\xi}{3} - \xi^2$.

我们看到 w 在由方程 $\xi^2 + \dfrac{\xi}{3} + \eta^2 = 0$ 所确定的圆上. 用完全平方将其改写为

$$\left(\xi + \frac{1}{6}\right)^2 + \eta^2 = \frac{1}{36}.$$

这是中心在 $\left(-\dfrac{1}{6}, 0\right)$ 半径为 $\dfrac{1}{6}$ 的圆的方程. 当 y 从 0 变到 ∞ 时,t 从 9 变到 ∞,而 ξ 从 $-\dfrac{1}{3}$ 变到 0. 一切都很合理:我们不是得到的整个圆,而是仅在上半平面的部分. 因为它的中心位于实直线上,确实只得到一个半圆,它与实轴成直角. 换句话说,ι 将由 $x = 3$ 定义的半垂线变成由这个半圆组成的测地线.

你可以跳过前面的计算,但在任何情况下,这样的计算表明,ι 将任意一条测地线变成另一条(可能是相同的)测地线. 事实上,ι 保持距离并且属于群 G.

如何得到 G 的更多元? 如果把 G 的任意两个元复合,你又会得到 G 的一个元. 例如,如果你把函数 $z \to az + b$ 和 ι 复合,可得 $z \to \dfrac{-1}{az+b}$. 如果列出所有可能的复合,就得到一个在复合运算下封闭的函数集,并且可以证明它们就是群 G 的全部元. 这里没有更多的惊喜或怪异的函数是我们没有想到的.

现在,G 稍难处理的是因为它还有一个翻转. 不喜欢翻转存在,因为它们是关于 z 的复不可微函数[1]. 所以从现在开始,不会允许翻转存在,直到我们有一个很好的理由去讨论它们. 用 G^0 代表非欧平面上不含翻转运动的群.

如果继续刚才所描述的计算与复合,我们发现 G^0 中的任意元可以被描述为如下形式

$$z \to \frac{az+b}{cz+d}$$

这里 $ad - bc > 0$. 这个不等式是由将 H 映到 H 所需的.

群 G^0 包含所有非欧双曲平面的萌芽. 克莱因告诉我们,如果我们想更好地理解上半平面模型 H 上的双曲平面,就要深入思考这个群. 这就是双曲几何要做的事. 一些数论专家事实上做的事就是探求 G^0 的一些"子群"并从中发展出令人惊奇的理论.

刚才展示的 G^0 的元素可以简洁地写成 2×2 矩阵:

$$\gamma = \begin{bmatrix} a & b \\ c & d \end{bmatrix}.$$

当这样处理后,可以写出相应的非欧几里得运动

$$z \to \begin{bmatrix} a & b \\ c & d \end{bmatrix}(z)$$

或者简记为 $z \to \gamma(z)$. 这种关于 z 的函数类型称为"分式线性变换".

现在给出一个练习以测试你对先前所讨论的内容的掌握程度. 欧氏运动的群规则是函数的复合. 矩阵的群规则是矩阵的乘法. 值得庆幸的是两种群规则是相容的. 如果 γ 和 δ 是两个具有正的行列式值并属于 $M_2(\mathbf{R})$ 的矩

---

[1] 如果你计算 $z \to \bar{z}$ 的差商,可得 $(\overline{z+h} - \bar{z})/h$. z 的导数是当复数 h 趋于 0 时的极限. 计算导数(如果它存在),可得 $\lim\limits_{h \to 0} \frac{\bar{h}}{h}$. 但如果 h 沿实轴趋于 0 时,得 1,当 h 沿虚轴趋于 0 时,得 -1. 因此极限不存在,从而复导数也不存在.

阵,那么

$$\gamma(\delta(z)) = (\gamma\delta)(z)$$

这里,方程的左边由复合函数定义,而右边包含两个矩阵的乘法并将它们的乘积作用于 z.

> **习题** 利用简单的代数运算,检查此结论. 换句话说,令 $\gamma = \begin{bmatrix} a & b \\ c & d \end{bmatrix}$ 和 $\delta = \begin{bmatrix} e & f \\ g & h \end{bmatrix}$,且 $\lambda\delta = \begin{bmatrix} p & q \\ r & s \end{bmatrix}$,请证明 $\dfrac{a\dfrac{ez+f}{gz+h}+b}{c\dfrac{ez+f}{gz+h}+d} = \dfrac{pz+q}{rz+s}$.

例如,(继续这个练习)将矩阵 I 作用于 z 可得到中性元的运动,它将每个点变为其自身. (这很容易验证:如果 $a = d = 1$ 并且 $b = c = 0$,那么 $z \to \dfrac{az+b}{cz+d} = \dfrac{z}{1} = z$.) 相应地也有一个矩阵的逆矩阵给出了逆运动.

$M_2(\mathbf{R})$ 中具有正的行列式值[1]的矩阵群称为 $\mathrm{GL}_2^+(\mathbf{R})$,这个群和 G^0 相同吗? 并不是这样. 当用矩阵表示运动时,有一些内置的冗余. 假设

$$\gamma = \begin{bmatrix} a & b \\ c & d \end{bmatrix}$$

选取非零实数 λ,那么能够定义新矩阵

$$\lambda\gamma = \begin{bmatrix} \lambda a & \lambda b \\ \lambda c & \lambda d \end{bmatrix}.$$

当构成分式线性变换时,λ 从分子和分母中消去了. 对所有 z,得到 $\gamma(z) = (\lambda\gamma)(z)$. 因此,尽管当 $\lambda \neq 1$ 时,γ 和 $\lambda\gamma$ 是不同的矩阵,但它们都会产生相同的运动. 例如,对任意非零实数 λ,矩阵 $\begin{bmatrix} \lambda & 0 \\ 0 & \lambda \end{bmatrix}$ 将产生中性元运动.

---

[1] 因为行列式是乘法,如果 A 和 B 都具有正的行列式值,那么 AB 也是. 所以,$\mathrm{GL}_2^+(\mathbf{R})$ 在矩阵乘法下封闭,它确保 $\mathrm{GL}_2^+(\mathbf{R})$ 在这种群规则下是一个群.

第 12 章　模形式

1. 术语

在数学术语里,函数是一种规则,即某个集合的每个元素("源")和另一个集合的某个元素("目标")的关系. 传统上,某些种类的函数被称为"形式". 它在当函数具有特殊性质时就会出现. 词语"形式"也有别的含义——例如,"空间形式"习惯上用来表示具有某种形状的流形.

在数论中,术语"形式"有时用来表示一类在变量替换下具有特定行为的函数. 例如,一个多项式函数 $f(v)$ 如果对任意数 a 有 $f(av) = a^n f(v)$ (这里 v 可以是一个或多个变量的向量). 就称其为一个权重为 n 的"形式",有权重为 2 的"二次形",例如, $x^2 + 3y^2 + 7z^2$;或者权重为 3 的"三次形",例如, $x^3 + x^2 y + y^3$,等等. 下面将关注一个更复杂的变换行式,这就是"模形式".

我们即将要定义的模形式是一类特殊的"自守形式". 词语"自守"比"模"更容易理解. 因为"auto"意味着"自"并且"morphe"在希腊语中意味着"形状",形容词"automorphic"用来表示在某种变量变换下保持形状不变的属性. 这并不意味着在变量变换下恒等于自身. 但它确实在一定程度上接近自身. 变换函数除以原函数的商也被仔细描述,并称它为"自守因子". 在处理模群的自守形式时,人们习惯于用"模"而不是"自守".

2. $\mathrm{SL}_2(\mathbf{Z})$

在上一章中,我们定义了一组元素是矩阵的群. 这里是它们中的另一个. 数集是 **Z**——整数集. 因为从整数开始,结果对数论来说很重要就不会让人感到惊奇,但事实上,这种情况的产生方式是非常令人惊讶的.

从 $\mathrm{GL}_2(\mathbf{Z})$ 开始,它在第 11 章中已有定义,它是元素为整数且行列式值为 ±1 的 2 × 2 矩阵集合. 下面是 $\mathrm{GL}_2(\mathbf{Z})$ 中的一些元素:

$$\begin{bmatrix} 1 & 2 \\ 3 & 7 \end{bmatrix}, \begin{bmatrix} 1 & 1 \\ 0 & 1 \end{bmatrix}, \begin{bmatrix} 1 & 0 \\ 0 & -1 \end{bmatrix}, \begin{bmatrix} 2 & 3 \\ 3 & 4 \end{bmatrix}$$

群规则是第 11 章中所定义的矩阵乘法. 请注意 $\mathbf{I} = \begin{bmatrix} 1 & 0 \\ 0 & 1 \end{bmatrix}$ 是这个群中的中性元,它也是我们讨论的所有其他矩阵群的中性元.

字母 S 代表"特殊"的,它在这里的上下文中的意思是"保持行列式的值为 1". 因此 $\mathrm{SL}_2(\mathbf{Z})$ 表示元素值为整数且行列式值为 1 的所有 2 × 2 矩阵集合. 它是 $\mathrm{GL}_2(\mathbf{Z})$ 的子集,并且由于 $\mathrm{SL}_2(\mathbf{Z})$ 与 $\mathrm{GL}_2(\mathbf{Z})$ 有相同的中性元和群规则,称 $\mathrm{SL}_2(\mathbf{Z})$ 是 $\mathrm{GL}_2(\mathbf{Z})$ 的子群. 在前面所展示的 4 个矩阵中,前两个属于 $\mathrm{SL}_2(\mathbf{Z})$,另外两个不属于 $\mathrm{SL}_2(\mathbf{Z})$.

若有必要,你需要复习第 11 章中所提到的上半平面 H 上的分式线性变换. 如果

$$\boldsymbol{\gamma} = \begin{bmatrix} a & b \\ c & d \end{bmatrix}$$

是一个元素为实数且具有正的行列式的值,那么 $\boldsymbol{\gamma}$ 给出了一个从 H 到 H 依照如下规则的函数

$$z \to \boldsymbol{\gamma}(z) = \frac{az + b}{cz + d}$$

任何时候只要 z 的虚部为正,你就可以通过计算出右边的虚部是否为正来验证公式,从而确保公式有意义. 如果用任意非零实数 λ 乘以 a, b, c 和 d,就会得到另一个矩阵. 它同样定义了从 H 到 H 的函数.

我们把这个结果应用到 $\mathrm{SL}_2(\mathbf{Z})$ 上的元素. 这里不用所有 $\mathrm{GL}_2(\mathbf{Z})$ 中的元素,因为它有行列式值为负的元素且把 H 映到下半平面,并不是 H 本身. 任意一个 $\mathrm{SL}_2(\mathbf{Z})$ 中的矩阵 $\boldsymbol{\gamma}$ 通过前面给定的规则定义了一个分式线性变

换,记为 $z \rightarrow \gamma(z)$.

通过 $\mathrm{SL}_2(\mathbf{Z})$ 中的矩阵表示分式线性变换仍有一些冗余. 如果将矩阵的所有元素乘以实数 λ, 行列式的值将乘以 λ^2. 进一步地, 元素可能因为需为整数而停止. 然而, 如果 $\lambda = -1$ (并且这是唯一非平凡的情形), 就得到一个新的行列式值为 1 的矩阵, 它定义了相同的分式线性变换. 例如, $\begin{bmatrix} 1 & 2 \\ 3 & 7 \end{bmatrix}$ 和

$\begin{bmatrix} -1 & -2 \\ -3 & -7 \end{bmatrix}$ 定义了相同的分式线性变换, 即

$$z \rightarrow \frac{z+2}{3z+7} = \frac{-z-2}{-3z-7}$$

因此, 矩阵 $-I = \begin{bmatrix} -1 & 0 \\ 0 & -1 \end{bmatrix}$ 也定义了无运动或中性运动 $z \rightarrow z$. 我们只能与这种冗余相伴. 群 $\mathrm{SL}_2(\mathbf{Z})$ 已经被研究了相当长的一段时间, 并且人们对它的理解已很深入. 特别地, 除中性元素外, 它还有一些令人喜欢的元素, 这里用传统的名字表示如下:

$$T = \begin{bmatrix} 1 & 1 \\ 0 & 1 \end{bmatrix}, S = \begin{bmatrix} 0 & 1 \\ -1 & 0 \end{bmatrix}$$

实际上我们已看到先前的运动源于 S 和 T, 即 $T(z) = z+1$, 因此, T 是把整个上半平面向上平移一个单位, 而 $S(z) = \dfrac{-1}{z}$ 是一个翻转, 正如在第 11 章中所述一样.

这里有一个非常好的定理:

定理 12.1 群 $\mathrm{SL}_2(\mathbf{Z})$ 是由 S 和 T 生成的.

这个定理表明群中的任何一个元素都可以由 S, T, S^{-1} 和 T^{-1} 相乘而得到. 这个事实与连分数理论联系紧密, 但在这里我们不会沿着这个方向走下去. 具体分析, 你可以在**级数**(Series, 1985)中看到.

注意 $S^2 = -I$, 因此 $S^4 = I$, 但除了零指数没有 T 的幂等于 I. 事实上, 你可以将矩阵乘在一起来验证

$$T^k = \begin{bmatrix} 1 & k \\ 0 & 1 \end{bmatrix}$$

这个公式成立,无论 k 是正数、零或负数(因为定义群中元素的零指数幂等于中性元素,对群中的元素 g,定义 g^{-m} 是 m 个 g^{-1} 的乘积).

我们称 $SL_2(\mathbf{Z})$ 作用在上半平面 H 上. 这个陈述意味着群中的任何一个元素都定义了一个从 H 到 H 的函数且满足一定的规则,即

(1)对任意给定 z 属于 H 和任意给定 g,h 属于 $SL_2(\mathbf{Z})$,有 $g[h(z)] = (gh)(z)$,并且

(2)如果 I 是 $SL_2(\mathbf{Z})$ 中的中性元,那么 $I(z) = z$.

3. 基本域

从 H 中你喜欢的 z_0 点开始.(例如,z_0 可以是 i.)当用所有 $SL_2(\mathbf{Z})$ 中的矩阵作用于 z_0 时,如果你想知道 z_0 去过哪些地方,那么你将得到一个点集 H 的子集,它被称为 z_0 的**轨道**. 因为这是 H 中保持距离的运动,这些点不可能相互挤在一起.[1] 我们称这个作用是离散的.

这一作用的离散性使得整个模形式的游戏变得好玩. 迟早我们将看到,一个模形式是一类函数,它与一个轨道上的所有点的值是密切相关的. 如果这些点是束在一起的,那么由复分析定律,这里不可能有任何有趣的模形式.

注意　除了 $SL_2(\mathbf{Z})$,还可以看看其他群. 如 $SL_2(\mathbf{Z})$ 的共轭子群,我们将在第 14 章中给出其定义.

本节的最后一件事情是请你画出模群作用在 H 上的两个基本域.(你可以回忆第 11 章中基本域概念的不同例子.)这种运动的基本域是 H 的子集 Ω,它具有以下两条性质:

---

[1]　如果你画一条轨道,点将出现在实轴附近并挤在一起,但那是一种错觉:本章中的欧氏距离不同于我们在第 11 章第 4 节中由积分所定义的非欧氏距离. 相差很远.

(1)任意轨道与 Ω 相交.

(2) Ω 中不同的两个点不可能在同一条轨道上.

用符号来等价表示为

(1)对任意给定 $z_1 \in H$, 存在某个 $z_0 \in \Omega$ 和某个 $\gamma \in SL_2(\mathbf{Z})$, 使得 $z_1 = \gamma(z_0)$.

(2)若 z_2 和 z_3 属于 Ω, 并且 γ 属于 $SL_2(\mathbf{Z})$, 如果 $z_3 = \gamma(z_2)$, 那么 $z_3 = z_2$.

这里有许多基本域. 如果 Ω 是基本域,那么对任意 γ 属于 $SL_2(\mathbf{Z})$ 的 γ, $\gamma(\Omega)$ 也是基本域. 但是你也可以做不寻常的事情,比如把 Ω 切成碎片并以不同的方式移动. 当然,我们喜欢处理漂亮的基本域.

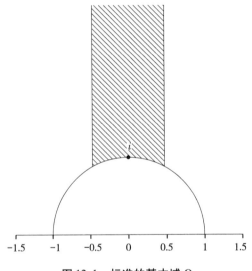

图 12.1　标准的基本域 Ω

"标准"的基本域 Ω 由满足 $-0.5 \leqslant x < 0.5$ 和 $x^2 + y^2 > 1$ 的点 $x + iy$, 沿着圆周 $x^2 + y^2 = 1$ 满足 $-0.5 \leqslant x \leqslant 0$ 的圆弧组成. 它是如图 12.1 所示的阴影区域,如果仔细观察,该部分的边界也包括在内.

我们可以取图 12.1 并应用上面所提到的函数 $z \to -\dfrac{1}{z}$,它给出了不同的基本域,如图 12.2 所示的阴影部分,这是一个由 3 个不同的半圆构成的有界区域(图中没有特别指明). 如果你够仔细,你可以指出哪一个半圆对应图

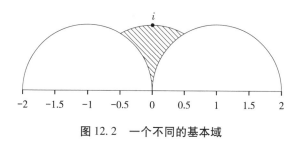

图 12.2　一个不同的基本域

12.1 中的边界.

请注意第二个基本域以一种尖锐的方式降到实轴上的 0 点. 出于这个原因, 我们称 0 为"尖点"——它是基本域的尖点. 但 0 不在基本域中, 因为实直线不是上半平面的一部分.

4. 终于说到模形式

回忆在第 7 章第 4 节中提到的"解析函数" $f(z)$ 的概念. 它是定义在 **C** 的开子集上关于复变量 z 的复值可微函数. (在那里我们已经定义了"开集".) 复分析的一个定理表明一个解析函数在它有定义的每个点 (尽管收敛半径可能随着点的不同而变化) 的附近都有收敛的泰勒级数, 同时每个泰勒级数在收敛圆内收敛到 f.

换句话说, 一个解析函数 $f: U \to \mathbf{C}$, 这里的 U 是一个集合, 例如上半平面 H、去心单位圆盘 Δ^*, 或者单位圆盘 Δ^0, 在 U 的任意一点周围都能表示成幂级数, 即对 U 中任意一点 z_0, 我们可以写出

$$f(z) = a_0 + a_1(z - z_0) + a_2(z - z_0)^2 + a_3(z - z_0)^3 + \cdots$$

这里的无穷级数对充分靠近 z_0 的点 z 收敛的极限等于函数在 z 的值 $f(z)$.

不难看出常数函数是解析的, 多项式函数是解析的, 并且解析函数的和、差和积也是解析的. 只要分母在 U 的任意一点不为零, 两个解析函数的商也是解析函数. 解析函数的复合也是解析的. 总的说来, 常用的微积分法则都可以应用于解析函数.

好了, 模形式是确定的一类解析函数 $f: H \to \mathbf{C}$. 我们即将定义一个"具

有阶为 1 权为 k 的模形式",这里 k 是一个非负偶整数. 这种限制有助于保持简单. "阶为 1"意味着 f 在所有来自 $SL_2(\mathbf{Z})$ 中的分式线性变换下具有良好表现. 如果仅用 $SL_2(\mathbf{Z})$ 的某个更小的子群(即共轭子群)来代替所要求的良好表现,仍可得到有趣的理论,但有更大的"阶". 如果要使阶更高,我们也可以使权 k 为奇数,或者甚至为分数. 分数权特别危险,但对理论也很重要,并且我们将在后面的某几处提到分数权.

但除非有进一步说明,我们只使用在这儿所定义的术语"权为 k 的模形式". 令人惊奇的是,这样的函数里可以包裹着如此深的数论. 虽然它们在几个世纪前就已被发现,但它们的性质和在数论中的应用近年来才逐渐明朗.

抛开繁文缛节,是时候给出如下定义了:

定义 令 k 是一个非负偶整数. 一个权为 k 的模形式是一个上半平面的解析函数 $f\colon H \to \mathbf{C}$,它具有如下两条性质:

(1)变换属性.

(2)增长属性.

需要注意的是,从一开始,就要求 f 解析. 这种限制并不是绝对必要的. 可以允许 f 有极点——f 在可控下变到无穷的点——并且还有甚至不要求复可微的模形式,但我们在此不作赘述.

下面来依次讨论两个性质中的第一个.

5. 变换属性

变换属性是指模形式函数具有一种周期性. 为了方便解释,首先假设 X 是一个实变量. 一个具有周期 1 的周期函数 $g(X)$ 满足一个"函数方程": $g(X+1)=g(X)$. 在第 11 章中已经看到一些周期性的例子. 我们可以通过寻求不同的函数方程来做一些改变. 例如,可以要求 $g(X+1)=\phi(X)g(X)$,这里的 $\phi(X)$ 是已经知道的且给定的函数,称为一个**自守因子**[1]. 现在,当

---

[1] 例如,假设 $g(X)=e^X$,那么 $g(X+1)=e^{X+1}=ee^X=eg(X)$. 在这个简单的例子中,自守因子 $\phi(X)$ 是常数函数 e.

把 X 向右滑动一个单位时, $g(X)$ 的值就不是简单的重复. 但通过前面的值, 它仍然是可预测的. 如果我们知道所有 X 的值 $\phi(X)$, 并且知道任意 A 从 0 到 1 的值 $g(A)$, 那么就可以计算出所有 X 的值 $g(X)$. 这里不再有周期性. 代替的是, 我们将其称为"自守", 只要 ϕ 是一个相对简单的函数.

19 世纪, 一些数学家发现了我们即将开始讨论的自守变换的性质, 它能够帮助他们解决一些问题并且导出漂亮的数学. 设 γ 是 $\mathrm{SL}_2(\mathbf{Z})$ 中的矩阵:

$$\gamma = \begin{bmatrix} a & b \\ c & d \end{bmatrix}$$

请记住 a, b, c 和 d 都是整数并且行列式 $\det(\gamma) = ad - bc = 1$. 同样, 记住 γ 通过下面的规则定义一个 H 到 H 的函数

$$\gamma(z) = \frac{az + b}{cz + d}$$

只是为了好玩, 让我们用常用的商的导数法则来求出 $\gamma(z)$ 的导数.

$$\frac{\mathrm{d}}{\mathrm{d}z}(\gamma(z)) = \frac{(az + b)'(cz + d) - (az + b)(cz + d)'}{(cz + d)^2}$$

$$= \frac{a(cz + d) - (az + b)c}{(cz + d)^2} = \frac{ad - bc}{(cz + d)^2} = (cz + d)^{-2}$$

导数能被很好地简化. 因为导数是一个重要的研究对象, 可以期望表达式 $(cz + d)^{-2}$ 在理论中很重要. 指数为 -2 也意义非凡: 它意味着理论能很好地适合偶数权. 权是在定义中指定的整数 k.

以下为变换性质: 对任意的 $\mathrm{SL}_2(\mathbf{Z})$ 中的 γ, 其元素 a, b, c 和 d 如前所述, 以及所有上半平面 H 上的 z, 权为 k 的模形式的变换性质是

$$f(\gamma(z)) = (cz + d)^k f(z) \tag{12.2}$$

式 (12.2) 和 $\gamma(z)$ 的导数之间的代数上的联系在 $k = 2$ 时十分清楚, 但它还有更深的意义, 它与高维流形几何中被称为"上半平面的向量丛"有联系 (参见第 13 章), 不幸的是, 它超出了本书探讨的范围. 然而, 稍后, 你会看到, 这是富有成果的定义, 至少是因为它揭示了我们一直在这本书中讨论的数论

的非常惊奇的模式.

你应该立刻意识到如果对所有 $\mathrm{SL}_2(\mathbf{Z})$ 中的 γ, f 满足式(12.1),并且也知道 f 在基本域 Ω 上的值,那么你就知道 f 在任意一处的值. 这是因为 $cz + d$ 是一个完全显式的可计算因子. 如果 z 是 H 中的任意一点,我们就能在 Ω 中找到唯一一点 z_0 以及 $\mathrm{SL}_2(\mathbf{Z})$ 中具有性质 $z = \gamma(z_0)$ 的元素 γ. 那么由变换规则可知, $f(z) = (cz_0 + d)^k f(z_0)$. 知道 $f(z_0)$ 和 $cz_0 + d$,由此就能得到 $f(z)$.

另一个要检查的是,如果对 $\mathrm{SL}_2(\mathbf{Z})$ 中记为 γ 和 δ 两个元素的式(12.1)成立,那么对它们的乘积 $\gamma\delta$ 也成立.(这个计算留给你作为练习. 它与链式法则和自守因子是分式线性变换的导数相关联.)类似地,如果式(12.1)对 $\mathrm{SL}_2(\mathbf{Z})$ 中的矩阵 γ 成立,那么对 γ^{-1} 也成立.

先前我们说 T 和 S 生成了整个群 $\mathrm{SL}_2(\mathbf{Z})$. 现在继续上面的讨论,如果仅知道函数方程对 T 和 S 成立,那么它对 $\mathrm{SL}_2(\mathbf{Z})$ 中的任意元都成立. 因此,用两个看起来更简单的规则代替先前的式(12.1)

$$f(z + 1) = f(z) \text{ 且 } f\left(\frac{-1}{z}\right) = z^k f(z)$$

它比式(12.1)更好. 有时,我们不仅要考虑群 $\mathrm{SL}_2(\mathbf{Z})$,而且要考虑并不仅由矩阵 T 和 S 生成的各种子群. 这些子群有它们自己的生成因子列表. 它们可能有数以百万计的生成因子,并且依赖于伴随我们的子群. 这些更小子群之中的一个模形式可能仅要求满足相应子群的所有 γ 的函数方程.

可以立即运用这些初看起来特别简单的规则. 因为 $f(z + 1) = f(z)$, $f(z)$ 是具有周期 1 的周期函数. 在第 8 章中,它意味着能将 $f(z)$ 表示为函数 $q = e^{2\pi i z}$,因为 $f(z)$ 是解析的,我们能证明它可以写成 q 的收敛幂级数.

但这里有一点技巧:记住 $z \to q$ 将 H 映为去心单位圆盘 Δ^*,这个圆盘是去心的. 因此, $f(z)$ 同样被认为是定义在 Δ^* 关于 q 的函数,是关于 q 的解析函数 $F(q)$,但是在圆盘的中心 0 还没有定义. 这个结果是当 $F(q)$ 被描述成关于 q 的幂级数时,这个级数可能包含与正指数一样的负指数. 事实上,在这样的点, q 的负指数甚至可能有无穷多项. 如果 q 有负指数,那么这个就不是围绕 0 的泰勒级数. 但是因为 $F(q)$ 在 0 上无定义,我们也不可能期望它在这里必须有泰勒级数.

综上所述,从 $f(z)$ 在 H 上解析和对任意给定 $SL_2(\mathbf{Z})$ 中的 $\boldsymbol{\gamma}$ 满足函数方程的事实出发,我们知道,存在常数 a_i,i 取所有整数,使得

$$f(z) = \cdots + a_{-2}q^{-2} + a_{-1}q^{-1} + a_0 + a_1q + a_2q^2 + \cdots$$

这里的 $q = \mathrm{e}^{2\pi iz}$. 称右边为 $f(z)$ 的" q-扩张".

6. 增长性条件

如果照现在这个样子就停下,这里就会有太多的模形式. 我们可能陷入混沌,并且也不可能说出所有关于模形式好的一面. 麻烦在于 q-扩张中的所有负指数. 如果它们真在哪儿,那么模形式当 $q \to 0$ 时(它是当 z 的虚部趋于 ∞)将增长到无穷或者变得非常混乱.

如果 $f(z)$ 的 q-扩张中没有负指数项,那么称 $f(z)$ 是**模形式**. 我们将陈述下述增长性条件:

增长性条件:当 z 的虚部趋于 ∞ 时, $\big|f(z)\big|$ 保持有界.

在这种情况下,当 z 的虚部趋于 ∞ 时,实际上 $f(z)$ 有极限值,因为这个极限与当 q 趋于 0 时 q-扩张的极限值一样. 当这里没有负指数项时,这个极限存在且等于 a_0.

为进一步参考,定义如下的"尖形式":

定义 模形式 $f(z)$ 是一个尖形式,如果在它的 q-扩张中 a_0 的值等于 0.

显然,这个定义是等价的,当 $q \to 0$ 时, q-扩张趋于 0. 如果看图 12.2 中的第二基本域,你会看到 $q \to 0$ 在几何上表现出当保持在 Ω 内时 z 趋于尖点. 那就是为什么我们使用"尖形式"这一术语的原因.

7. 总结

一个权为 k 的**模形式**是 H 上的解析函数,并对属于模群的所有 $\boldsymbol{\gamma}$ 满足

式(12.1)以及拥有如下形式的 q-扩张

$$f(z) = a_0 + a_1 q + a_2 q^2 + \cdots$$

用符号 M_k 代表权为 k 的模形式集合.

一个权为 k 的**尖形式**是 H 上的解析函数,并对属于模群的所有 γ 满足式(12.1)以及拥有如下形式的 q-扩张

$$f(z) = a_1 q + a_2 q^2 + \cdots$$

所有权为 k 的尖形式集合的符号是 S_k.（字母 S 表示 Spitze,是尖的德语单词.）

顺便说一句,如果模形式 $f(z)$ 的 q-扩张只有有限多个正项(也就是说,它是多项式),那么可以证明 $f(z)$ 必定恒等于 0.

权为 4 的一个模形式的例子是函数 $G_4 : H \to \mathbf{C}$, 由下式定义

$$G_4(z) = \sum_{m=-\infty}^{\infty} \sum_{\substack{n=-\infty \\ (m,n) \neq (0,0)}}^{\infty} \frac{1}{(mz+n)^4}$$

这个例子我们在第 13 章中会进行解释,并且在后面几章中将给出更多模形式例子.

习题：

证明如果 $f(z)$ 是一个模形式 [对所有群 $\mathrm{SL}_2(\mathbf{Z})$, 如我们在本章中所假定的一样] 且权 $k > 0$, 这里 k 是一个奇数,那么对上半平面所有的 z 有 $f(z) = 0$. [也就是说, $f(z)$ 是 0 函数.]

提示：当 $\gamma = -I$ 时,请思考式(12.1). 我们将在第 14 章给出解答细节.

第 13 章　有多少种模形式？

1. 如何数无穷集

从第 12 章直接进入本章主题. 取定一个非负偶整数 k. 例如,你可以取 $k = 12$. 前述已经定义了 $f(z)$ 是权为 k 的模形式,或者权为 k 的尖形式,并且固定用符号 M_k 来表示前者的集合而用 S_k 来表示后者的集合.[1]

M_k 和 S_k 有多大? 我们很快发现每个集合中或有一个确定的元素或有无穷多个元素. 为什么? 哦,常数函数 0 总是权为 k(任意权)的模形式. 这可能是个平凡的发现,但它不可避免地会存在. 函数 $z \to 0$ 满足成为模形式所需的所有属性. 事实上,它是一个尖形式. 因此,M_k 和 S_k 中任一个都至少有一个元素,即 0.

现在假设这里有非零元素,即在 M_k 中 $f(z) \neq 0$. 如果 c 是任意一个复数,那么 $cf(z)$ 也是一个权为 k 的模形式.(检查定义——你可以将公式乘以 c.)因此,一个非零元素给出了无穷多个元.

另一件你可以做的是将 M_k 和 S_k 的模形式加起来. 例如,如果 $f(z)$ 和 $g(z)$ 都是权为 k 的模形式,那么 $f(z) + g(z)$ 也是.(再一次检查定义. 验证时要求 f 和 g 有**相同**的权,因此在和的变换法则下可以分开自守因子,使用乘法分配律.)

我们对这种小把戏有个名称,如果 V 是一个从 $\Sigma \to \mathbf{C}$ 的函数集合(这里

---

[1]　提醒:请记住 M_k 和 S_k 都是阶为 1 的模形式集合:在源于群 $\mathrm{SL}_2(\mathbf{Z})$ 的所有分式线性变换下满足适当变换的模形式.

的 Σ 可以是任意集合),那么称 V 是一个向量空间.

(V1) V 非空.

(V2) 对任意 V 中的函数 v 以及任意复数 c, 函数 cv 也在 V 中.

(V3) 对任意 V 中的函数 v 和 w, 函数 $v+w$ 也在 V 中.

如果 V 是一个向量空间,那么一起运用规则(V2)和(V3)并作迭代,你可以看到,如果函数 $v_1,v_2,\cdots,v_n$ 都在 V 中并且 $c_1,c_2,\cdots,c_n$ 都是复数,那么

$$v_1c_1 + v_2c_2 + \cdots + v_nc_n \qquad (13.1)$$

也在 V 中. 称式(13.1)为函数 $v_1,v_2,\cdots,v_n$ 的**线性组合**.

有时称向量空间的元素为"向量". 这个称谓是有益的,因为想导出向量空间的全部理论,不是从函数开始而是从元素满足(V1),(V2)和(V3)的抽象集合开始. 这个理论称为"线性代数". 在这种情况下,通常将复数作为标量,并且如果 c 是一个标量而 v 是一个向量,则称 cv 为**数乘**.

从目前的讨论来说,我们能够说 M_k 是一个向量空间. S_k 如何? 它是 M_k 的子集,但那还不足以说明它自身是一个向量空间. 它还必须满足(V1)、(V2)和(V3). 因为 0 是尖形式,满足规则(V1). 现在,什么使得尖形式成为尖形式呢? 它的 q- 扩张的常数项等于 0. 因为对任意复数 c,总有 $c0=0$ 和 $0+0=0$,故规则(V2)和(V3)适合 S_k. 因为 S_k 自身是一个向量空间并且是 M_k 的子集,称 S_k 是 M_k 的**子空间**.

现在,考虑任意向量空间 V. 将关于 M_k 和 S_k 的推理过渡到 V,我们知道,要么 $V=\{0\}$,确切地只有一个元素,即 0 函数;要么 V 是关于函数的无穷集. 在任何情况下,任何时候只要 V 有一些元素,它就拥有所有的线性组合.

这里有一个重要的二分法. 要么

(1) V 中有一个向量组成的有限集合 S,V 包含这个集合中元素的所有线性组合.

要么

(2) 没有这样的集合.

例 13.1 如果 $V = \{0\}$,那么可以取 S 就是 V 自身. 然而,值得注意的是,甚至可以取 S 为空集. 那是因为我们约定 0 是没有向量的线性组合. (可对比第 10 章.)

例 13.2 如果 v 是一个非零函数,那么可以构造集合 $V = \{cv \mid c \in \mathbf{C}\}$. 简言之,$V$ 是 v 的所有数乘的集合. 你可以检验规则 (V1),(V2) 和 (V3),再用一次分配律,你就会明白 V 是一个向量空间. 在这种情形下,可以取"生成集" S 为单点集 $\{v\}$. 当然,我们也可以大而化之地取一个更大的 S,如 $\{v, 3v, 0, (1+i)v\}$.

例 13.3 若 V 是所有关于 z 的多项式函数的集合. V 的生成集 S 不可能是有限集,因为由有限集 S 中的多项式的线性组合构成的多项式的次数不可能超过所有 S 中成员的最高次数. 即使这样,所有多项式的集合均满足向量空间的属性.

第一类向量空间称为"有限维",而它们中的第二类称为——让人惊奇——"无限维".

现在假定有一个有限维的向量空间 V,这个向量空间将有各种不同的生成集 S,它们有不同的大小. 一些生成集是有限集,因为定义的是"有限维". 在所有的有限生成集中,有一些是极小的. (V 的一个生成集 S 是极小的,如果不存在它的真子集生成 V.)称任意一个极小集是 V 的一个**基**.

例如,0- 向量空间将空集作为它的基. 这是唯一寻找基时没有选择的例子. 我们的第二个例子,$V = \{cv \mid c \in \mathbf{C}\}$,其基是单点集 $\{v\}$. (很明显,它是可能生成向量空间 V 的最小的一个.)但对同一个 V,$\{3v\}$ 是另一个基. 请留意 $\{3v\}$ 也是一个单点集.

定理 13.2 若 V 是一个有限维向量空间,那么它所有的基都具有相同的元素个数.

如果基中元素的个数是 d,那么 d 称为 V 的**维数**,记为 $\dim(V) = d$. 另一个定理表明,如果 W 是 V 的子空间,那么 $\dim(W) \leqslant \dim(V)$.

在目前为止的两个例子中,0- 向量空间具有维数 0(因为空集是它的基,它有 0 个元素). 向量空间 $V = \{cv \mid c \in \mathbf{C}\}$,这里的 $v \neq 0$,维数为 1.

练习 取定某个正整数 n, 由次数小于或等于 n 的关于 z 的所有多项式构成的向量空间的维数是多少?

解 答案是 $n+1$. 这个向量空间的一个基是 $\{1, z, z^2, \cdots, z^n\}$.

维数概念是如何更明智地讨论对给定的权有多少种模形式的方式. 我们可以讨论 M_k 或 S_k 是有限维还是无限维向量空间; 如果是有限维, 它们的维数是多少? 在这种方式下, 说一个向量空间比另一个"**更大**"是有意义的, 即使它们都包含无穷多个元.

2. M_k 和 S_k 有多大?

在快速得到答案之前, 先看看这里是否有一些先验的结果. 我们不知道这里是否有在一点上具有任意权的非零模形式. 但 S_k 是 M_k 的子空间总是正确的, 因此, $\dim(S_k) \leq \dim(M_k)$. 那么 $\dim(M_k) - \dim(S_k)$ 能有多大? 在这一点上, 就我们所知, 任意一个模形式都可以是尖形式, 因此这个差可能是 0. 另一种可能是 1. 现在, 让我们来看一下为什么这个差不会大于 1 (假定 M_k 是一个有限维的向量空间).

假设 $\{f_1, \cdots, f_n\}$ 是 M_k 的一个基, 因此 $\dim(M_k) = n$. 每一个这样的函数有一个有常数项 q-扩张. 用 b_i 来表示 f_i 的 q-扩张的常数项. 因此, b_i 是某个复数. 如果所有的 b_i 都是零, 那么所有的 f_i 是尖形式, 并且 $M_k = S_k$. 如果有一些 b_i 不是零, 那么不妨假设 $b_1 \neq 0$, 现在来构造 M_k 中的一些新函数,

$$g_i = f_i - \left(\frac{b_i}{b_1}\right) f_1$$

这里的 $i = 2, 3, \cdots, n$. 将它留给你去证明 $\{f_1, g_2, g_3, \cdots, g_n\}$ 也是 M_k 的生成集.

g_i 的 q-扩张中的常数项是什么? 它是 f_i 的 q-扩张中的常数项减去 $\left(\frac{b_i}{b_1}\right)$ 倍 f_1 的 q-扩张中的常数项. 这个数是 $b_i - \left(\frac{b_i}{b_1}\right) b_1 = 0$. 因此所有的 g_i 都是尖形式. 因为 $\{f_1, \cdots, f_n\}$ 是 M_k 的最小生成集, 不难证明 $\{g_2, \cdots, g_n\}$ 是构成 S_k 的最小生成集. (准确的证明依赖于**线性依赖**概念的使用.) 因此, 在这

种情况下 $\dim(S_k) = n - 1$.

总之，或者有 $M_k = S_k$，即两个向量空间有相同的维数，或者 M_k 是严格大于 S_k 的且它的维数事实上大于 1.

现在是时候来看一下为什么这里有非零的模形式了. 如何来构造它？这仅是一个差不多显然的事，它将导致构造所谓的"**艾森斯坦级数**". 我们将会看到对任一给定的偶整数 $k \geqslant 4$，可以显式地写出不是零的权为 k 的模形式. （第 12 章最后的练习题告诉我们[1]，对奇数值 k 不予考虑.）事实上，我们现在所定义的函数不是尖形式.

自守因子是从自身开始：$z \to (cz+d)^{-k}$. 因为这里只有一种类型的自守因子，它给了我们唯一的想法. 这里有无穷多种顺序的数对 (c,d)，因此应该使用哪些值？ 我们应该用它们的全部值. 现在 (c,d) 是 $\mathrm{SL}_2(\mathbf{Z})$ 中的矩阵的最下面一行. 因此 c 和 d 是互素的整数，故 $ad - bc = 1$. （反之，如果 c 和 d 不是互素的整数，则存在另一对整数 a 和 b，使得 $ad - bc = 1$. 即定理 1.1.）然而，如果允许 c 和 d 是表达式 $(cz+d)^{-k}$ 中的任意整数对时，我们得到的就很简单. 当然，不能使用 $(0,0)$，因为那样的话就可能除以 0，但允许其他可能的整数对.

令 Λ' 代表所有不包括 $(0,0)$ 的有序整数对 (c,d) 的集合. 这个记号的理由是 Λ 通常被用来表示所有有序整数对的集合，而我们想要的是 Λ 的子集.

现在来构造模形式，将它称为 $G_k(z)$. 首先，先尝试一个特定的 (c,d). 为什么不是 $(1,0)$？ 来看函数 $z \to \dfrac{1}{z^k}$. 也许这是一个权为 k 的模形式？ 这个函数在上半平面解析. 它的 q-扩张是什么？ 遗憾的是，它没有 q-扩张，因为它不是周期为 1（或者别的周期）的周期函数.

为弥补这一缺陷，用下面的方式创造一个有别于 $z \to \dfrac{1}{z^k}$ 的周期函数. 定义新函数：

---

[1]　记住：现在我们只讨论阶 1 的模形式.

$$h_k(z) = \sum_{n=-\infty}^{\infty} \frac{1}{(z+n)^k}$$

这个公式可能是毫无道理的,但如果你将 z 换成 $z+1$,右边部分明显没有变化. 但我们已经付出了代价. 右边是解析函数的无限求和. 例如,如果 $k = 0$,右边将加到无穷,这就不太好.

然而,如果对任意 H 中的 z,右边收敛,那么它定义了一个关于 z 的函数,同时它在紧集上一致收敛,这个函数将是解析函数. 现在,假定右边是将关于 H 上的 z 的解析函数相加的收敛级数. $h_k(z)$ 是模形式吗?

首先,我们来看模属性的第二个要求——增长性要求. 你可以跳过下面的内容,它的阐述并不严格. 但如果你感兴趣,它会给你带来如何估计这些增长的有趣的东西. 更复杂的增长估计在其他地方都有类似证明,但我们会将它们全部略过.

其次,我们想看一看周期函数 $h_k(z)$ 的 q- 扩张. 实际上不需要指出它们的具体存在. 仅想知道当 $q \to 0$ 时,$h_k(z)$ 如何增长. 这和看到当 $z = x + iy$ 在图 12.1 中的基本域 Ω 中趋于 ∞ 时,$h_k(z)$ 如何增长一样. 换句话说,$-\dfrac{1}{2} \leqslant x < \dfrac{1}{2}$ 且 $y \to \infty$.

根据三角形不等式,可得

$$|h_k(z)| \leqslant \sum_{n=\infty}^{\infty} \left| \frac{1}{(z+n)^k} \right|$$

解出

$$\left| \frac{1}{(z+n)^k} \right| = \frac{1}{|z+n|^k} = \frac{1}{|(x+n+iy)|^k} = \frac{1}{[(x+n)^2 + y^2]^{\frac{k}{2}}}$$

现在,对于固定的 x,当通过 n 求和时,大多数项含有远大于 x 的 n 并且与取定的 x 值不相关. 因此可以说,对 z 属于 Ω 且当 $y \to \infty$ 时,$|h_k(z)|$ 的增长性与下式的增长性一样

$$\sum_{n=-\infty}^{\infty} \frac{1}{(n^2 + y^2)^{\frac{k}{2}}}$$

一个合理的猜测是这个和与下面的积分相等

$$\int_{t=-\infty}^{\infty} \frac{1}{\left(t^2+y^2\right)^{\frac{k}{2}}}\,\mathrm{d}t\,.$$

对固定的 y, 你可以明确地计算这个定积分. 假设 $k \geqslant 2$ 且 $y \neq 0$, 计算可得 $\dfrac{C_k}{y^{p_k}}$. 这里 C_k 是某个正常数, 而 p_k 是某个正整数. 因此, 当 $y \to \infty$ 时极限为 0, 它肯定是有限的. 因此, 增长性条件满足.

最后, 不妨看一下在 $\mathrm{SL}_2(\mathbf{Z})$ 中的 $\boldsymbol{\gamma} = \begin{bmatrix} a & b \\ c & d \end{bmatrix}$ 下, $h_k(z)$ 是如何变换的. 即计算:

$$h_k\left(\frac{az+b}{cz+d}\right) = \sum_{n=-\infty}^{\infty} \frac{1}{\left(\dfrac{az+b}{cz+d}+n\right)^k}$$

让我们算出右边的项:

$$\frac{1}{\left(\dfrac{az+b}{cz+d}+n\right)^k} = \frac{1}{\left[\dfrac{(az+b)+n(cz+d)}{cz+d}\right]^k} = \frac{(cz+d)^k}{\left[(a+nc)z+(b+nd)\right]^k}$$

现在要考虑这个变换遵循模形式定义中的规则. 因此, 应该提出自守因子以更好地理解得到的公式. 将它们分开并将所有项相加得

$$h_k\left(\frac{az+b}{cz+d}\right) = (cz+d)^k \sum_{n=-\infty}^{\infty} \frac{1}{\left[(a+nc)z+(b+nd)\right]^k}\,.$$

我们的希望是(如果准备得到模形式)

$$h_k\left(\frac{az+b}{cz+d}\right) \overset{?}{=} (cz+d)^k h_k(z)\,.$$

至少得到了右边的自守因子. 当然, 它也是我们为什么把它作为第一步的原因. 但新的无穷求和是一些错误项相加, 尽管它们有正确的形状.

也许我们的求和项不够多? 从 $h_k(z)$ 和变换 $\boldsymbol{\gamma}$ 开始, 得到和式分母中具有 k 次指数的新项, 这些项关于 z 的系数不是 1 而是其他整数. 无穷项求和

已经深陷泥潭,那为什么不对所有项求和? 定义

$$G_k(z) = \sum_{(m,n) \in \Lambda'} \frac{1}{(mz+n)^k}$$

我们将很快看到,这个公式有效,它被称为权为 k 的**艾森斯坦级数**(对全部模群).

现在,是时候担心无穷级数的收敛性了. 我们比前面加了更多的项. 另一方面,更大的 k 值,将有更小的项. 对 $k=0$ 或 $k=2$,公式也不是很好. 从现在起,当讨论艾森斯坦级数时,将假设权为 4 或更大. 在这种情况下,级数在 H 的紧集上绝对且一致收敛,同时也无须担心对 m 和 n 双重求和时,被加数的次序.

每一项是 H 上的解析函数,并且级数在紧集上绝对且一致收敛. 复分析告诉我们,$G_k(z)$ 是 H 上的解析函数. 我们做与 $h_k(z)$ 相似的估计,表明 $G_k(z)$ 满足增长性要求. 所有剩下的需要检验的是在 $\mathrm{SL}_2(\mathbf{Z})$ 中的 $\gamma = \begin{bmatrix} a & b \\ c & d \end{bmatrix}$ 下的变换规则. 再一次计算:

$$G_k\left(\frac{az+b}{cz+d}\right) = \sum_{(m,n) \in \Lambda'} \frac{1}{\left[m\left(\dfrac{az+b}{cz+d}\right)+n\right]^k}$$

同样,计算出右边的项:

$$\frac{1}{\left[m\left(\dfrac{az+b}{cz+d}\right)+n\right]^k} = \frac{1}{\left[\dfrac{m(az+b)+n(cz+d)}{cz+d}\right]^k}$$

$$= \frac{(cz+d)^k}{\left[(ma+nc)z+(mb+nd)\right]^k}$$

将它们求和[1],得

---

[1] 双关语.

$$G_k\left(\frac{az+b}{cz+d}\right) = (cz+d)^k \sum_{(m,n)\in\Lambda'} \frac{1}{\left[(ma+nc)z+(mb+nd)\right]^k}$$

现在来到关键的一步. 请看方程右边的和, 记住被加数中 a,b,c 和 d 是常数, 而 m 和 n 是变量. 定义如下形式的变量变换: $m'=ma+nc$ 和 $n'=mb+nd$. 可以肯定这个变量变换定义了一个从 Λ' 到它自身[1]的一一对应. 换句话说, 可将先前的等式改写为

$$G_k\left(\frac{az+b}{cz+d}\right) = (cz+d)^k \sum_{(m',n')\in\Lambda'} \frac{1}{(m'z+n')^k}$$

但是 m' 和 n' 是替代的被加数变量, 与 m 和 n 没什么不同, 右边的和式正好又是 $G_k(z)$. 可以推断出

$$G_k\left(\frac{az+b}{cz+d}\right) = (cz+d)^k G_k(z)$$

这正是所期望的权为 k 的模形式的变换法则.

3. q-扩张

也许这并不完全令人惊讶, 艾森斯坦级数与整数指数的和有关. 当我们发现它们的 q-扩张时就显现出来了. 尽管不打算在这此证明什么, 但会告诉你答案. 请记住, $G_k(z)$ 有 q-扩张是因为它是解析的且是周期 1 的周期函数. 为了写出它的 q-扩张, 我们不得不提醒你回忆那些在本书前面部分已经定义的函数和常数, 这里同样也介绍了一个新函数.

(1) ζ-函数:

$$\zeta(s) = \sum_{n=1}^{\infty} \frac{1}{n^s}$$

---

[1] 因为 $ad-bc=1$, 你可以根据方程由 m' 和 n' 求 m 和 n, 这是检验一一对应的明确的方法. 你也可以检验当 $m=n=0$ 时, 那么有 $m'=n'=0$. 反之亦然.

如果 k 是一个正偶数(如同它在本节一样),那么 $\zeta(k)$ 是正整数 k 次幂的倒数的无穷和.

(2)对任意非负整数 m,除数-指数-和函数

$$\sigma_m(n) = \sum_{d/n} d^m$$

覆盖了正整数 n 所有的正因子 d,包括 1 和 n 本身.

(3)伯努利数 B_k,它与连续的 k 次幂的和有关.

利用这三项,我们就能告诉你艾森斯坦级数 G_k 的 q- 扩张,

$$G_k(z) = 2\zeta(k)\left(1 - \frac{2k}{B_k}\sum_{m=1}^{\infty}\sigma_{k-1}(n)q^n\right) \qquad (13.3)$$

这里,通常有 $q = e^{2\pi i z}$.

式(13.3)相当令人惊奇. 我们会明白因子 $\zeta(k)$ 是从哪里出来的. 回忆一下艾森斯坦级数的定义:

$$G_k(z) = \sum_{(m,n)\in\Lambda'}\frac{1}{(mz+n)^k}$$

只要 m 和 n 不同时为 0,就能算出它们的最大公因数 d. 因为到目前为止,我们假定 $k \geqslant 4, G_k$ 的和式绝对收敛,并且可以用任意顺序求和. 因此,我们可以将 Λ' 中的所有数对分开,通过把所有哪些具有相同最大公因数作为一个单独部分放在一起. 在最大公因数等于 d 的部分,我们将所有的 (m,n) 写为 (da, db),这里的 (a,b) 是互素(也就是说,具有最大公因数 1). 用这个办法,得

$$G_k(z) = \sum_{d=1}^{\infty}\frac{1}{d^k}\sum_{(a,b)\in\Lambda''}\frac{1}{(az+b)^k}$$

这里的 Λ'' 是 Λ 的子集并且由所有互素的整数对组成. 因为 Λ'' 不依赖于 d,我们能够将双重求和分解为两个和的乘积,正如上述公式所示. 第一个因子是 $\zeta(k)$,同时对于 G_k 的 q- 扩张而言. 也是它可以分离出来且出现在公式前面的原因.

习题 你能指出为什么 2 也可以被分离出来吗？

将式(13.3)除以因子 $2\zeta(k)$ 得到新的模形式是十分方便的(只是原来的倍数)，它所有的 q-扩张从 1 开始. 因此定义

$$E_k(z) = \frac{1}{2\zeta(k)} G_k(z) = 1 + C_k(q + \sigma_{k-1}(2)q^2 + \sigma_{k-1}(3)q^3 + \cdots)$$

这里的 $C_k = -\dfrac{2k}{B_k}$ 是依赖于 k 的常数.

例如，

$$E_4(z) = 1 + 240(q + (1 + 2^3)q^2 + (1 + 3^3)q^3 + \cdots)$$
$$= 1 + 240(q + 9q^2 + 28q^3 + \cdots)$$

且

$$E_6(z) = 1 - 504(q + (1 + 2^5)q^2 + (1 + 3^5)q^5 + \cdots)$$
$$= 1 - 504(q + 33q^2 + 244q^3 + \cdots)$$

在这里，你需要知道伯努利数的值 $B_4 = -\dfrac{1}{30}$ 且 $B_6 = \dfrac{1}{42}$. 可以看到这里有很多看起来好玩的特殊整数.

4. 模形式的乘积

我们将看到可以用一个标量(任意复常数)乘以一个模形式从而得到一个具有相同权的新的模形式. 同样，也可以将具有相同权的两个模形式相加得到新的模形式并且有相同的权. 一件你特别要做的事是把两个具有相同或不同权的两个模形式相乘从而得到新模形式，而新模形式的权是你开始所取模形式的权的和.

通过回忆权为 k 的模形式的定义，你就会明白为什么模形式相乘是一个好主意. 假设 $f(z)$ 和 $g(z)$ 是从上半平面 H 映到复数 **C** 的两个函数. 如果解

析性和增长性条件对 f 和 g 成立,那么对 fg 也成立. 对于变换规则,如果 f 是权为 k_1 的模形式,那么当它用 γ 作变换时,就会有自守因子 $(cz+d)^{k_1}$. 类似地,如果 g 是权为 k_2 的模形式,那么当它用 γ 作变换时,就会有自守因子 $(cz+d)^{k_2}$. 现在用 γ 对 fg 作变换,结果是 $(cz+d)^{k_1}(cz+d)^{k_2} = (cz+d)^{k_1+k_2}$, 因此,总有权为 k_1+k_2 的模形式的自守因子.

例如,可以将 E_4 和 E_6 乘在一起得到一个模形式,暂时称它为 H_{10},权为 10. 如果我们继续,可以做 q- 扩张的乘法. 这样, H_{10} 的 q- 扩张是

$$
\begin{aligned}
H_{10}(z) &= E_4(z)E_6(z) \\
&= \left[\, 1 + 240(q + 9q^2 + 28q^3 + \cdots)\,\right] \times \\
&\quad \left[\, 1 - 504(q + 33q^2 + 244q^3 + \cdots)\,\right]
\end{aligned}
$$

尽管要求将两个无穷级数乘在一起,它可能会花费无数的时间,但是可以将尽可能多的每个级数起始项相乘,去弄明白级数乘积如何开始. 因此

$$
\begin{aligned}
H_{10}(z) = 1 &- 264q - 135\,432q^2 - 5\,196\,576q^3 - 69\,341\,448q^4 - \\
&515\,625\,264q^5 - \cdots
\end{aligned}
$$

原来任意模形式都是一个 E_4 和 E_6 中的多项式. 这是一个相当令人惊奇的定理. 它表明:如果 $f(z)$ 是一个权为 k 的模形式,那么这里有某个复系数的多项式函数 $F(x,y)$ 具有上述性质. 如果用 x 代替 E_4 并用 y 代替 E_6,可立即得:

$$
f(z) = F(E_4(z), E_6(z))
$$

因为相乘时,权要相加,你就会明白这个多项式 $F(x,y)$ 需要被假定为权为 k 的齐次,如果 x 的权为 4 且 y 的权为 6,那么

$$
F(x,y) = \sum_{\substack{i,j \\ 4i+6j=k}} c_{ij}x^i x^j
$$

在后面几章中,我们将会看到这种模形式的组合. 现在来看两个例子.

一个非常重要的例子是 Δ,定义为

$$\Delta = \frac{1}{1\,728}(E_4^3 - E_6^2)$$

这个函数首先出现在椭圆曲线理论中[1]，在这里它被称为判别式，当研究一个整数有多少种方式可以写成 24 个平方数的和时，我们就会看到它. Δ 的权是 $12 = 3 \cdot 4 = 2 \cdot 6$.（表达式 $3 \cdot 4$ 源于 E_4 的立方，类似地，因子 $2 \cdot 6$ 源于 E_6 的平方.）

现在来看 Δ 的 q- 扩张. E_4 的 q- 扩张始于 $1 + 240q$. 因此 E_4^3 的 q- 扩张始于 $1 + 3 \cdot 240q$，E_6 的 q- 扩张始于 $1 - 504q$，E_6^2 的 q- 扩张始于 $1 - 2 \cdot 504q$. 因为 $3 \cdot 240 = 720, 2 \cdot 504 = 1\,008$，$\Delta$ 的 q- 扩张始于 $(1 - 1) + \frac{1}{1\,728}(720 - (-1\,008))q = q$. 归纳起来，

$$\Delta = q + \tau(2)q^2 + \tau(3)q^3 + \cdots$$

不同于最初，在这里我们使用了拉马努金的符号来表示系数. 原来每一个 $\tau(n)$ 的值，被先验地认为是有理数，实际上是普通整数. 最初的几个 $\tau(n)$ 的值是 $\tau(2) = -24, \tau(3) = 252, \tau(4) = -1\,472, \tau(5) = 4\,830$，以及 $\tau(6) = -6\,048$. 请注意，有 $\tau(2)\tau(3) = \tau(6)$.

我们的观察所得如下：

(1) 在 Δ 的定义中除以 $1\,728$ 的原因是要使 q 的系数尽可能简单.

(2) 因为 $1\,728 = 2^6 \cdot 3^3$ 是关于 Δ 的定义的分母，如果从模 2 或模 3 来看，可能会觉得困难. 事实的确如此：椭圆曲线的模 2 或模 3 的理论比其他素数模要复杂得多.（顺便说一下，$1\,728$ 是一个小意外，它是 $3 \cdot 240$ 和 $2 \cdot 504$ 的和. 应该有一个只含 2 和 3 的素数分解. 这一事实在某种程度上是迫于椭圆曲线与它们和 Δ 联系的理论.）

(3) Δ 的 q- 扩张的常数项是 0. 这意味着 Δ 是尖形式. 通过预

---

[1]　你可以参考阿什和格罗斯(2012)关于椭圆曲线的初等方法.

先知道它们 q- 扩张的系数从而写出尖形式并不是一件容易的事. 例如, 这里有许多不知道的 τ- 函数的值. 事实上, 我们甚至不知道 $\tau(n)$ 是否为 0. 但可以通过明智而审慎地选择艾森斯坦级数中的多项式组合创建尖形式. 我们选择那些多项式组合的系数使得常数项被消去. 所以在创建 Δ 时使用尽可能小的权. E_4 的指数的权为 $4, 8, 12, \cdots$, 并且 E_6 的权为 $6, 12, \cdots$, 因此得到的第一个一致的权是 12. 事实上, 这里没有权小于 12 的非零模形式, 并且 Δ 是唯一的权为 12 的尖形式 (在数乘下).

任何从 $\mathrm{SL}_2(\mathbf{Z})$ 中出来的模形式都是关于 E_4 和 E_6 的多项式, 这一事实的另一个结果是: 其他的艾森斯坦级数必定是关于 E_4 和 E_6 的多项式. 为了更好玩, 让我们来看一个例子. 乘积 $E_4 E_6$ 的权为 10, 并且这是得到权为 10 的艾森斯坦级数乘积的唯一方式. 因此, E_{10} 的权也是 10, 必定是 $E_4 E_6$ 的倍数. 因为 E_{10} 和 $E_4 E_6$ 的 q- 扩张都始于 i, 这个倍数是 1. 换句话说, E_{10} 是前面所说的 H_{10}:

$$E_{10} = E_4 E_6$$

现在 σ- 函数这个公式有一个奇妙的结果, 即

$$E_4(z) E_6(z) = \left(1 + \sum_{n=1}^{\infty} 240 \sigma_3(n) q^n\right) \left(1 - \sum_{n=1}^{\infty} 504 \sigma_5(n) q^n\right)$$

且

$$E_{10}(z) = 1 - \frac{20}{B_{10}} \sum_{n=1}^{\infty} \sigma_9(n) q^n = 1 - \sum_{n=1}^{\infty} 264 \sigma_9(n) q^n$$

因为 $B_{10} = \dfrac{5}{66}$, 如果将最初的两个级数的 q 的指数不论多少项都计算出来, 使它们的系数等于后一个级数的相应系数, 可得到 σ- 函数之间的有趣的恒等式.

具体来说, 有

$$(1 + 240q + 240\sigma_3(2)q^2 + \cdots)(1 - 504q - 504\sigma_5(2)q^2 + \cdots)$$
$$= 1 - 264q - 264\sigma_9(2)q^2 + \cdots$$

当然两边的常数项都等于 1. q 的系数在两边相等, 从而得 $240 - 504 = -264$, 已验证. 现在 q^2 的系数相等:

$$-504\sigma_5(2) - (240)(504) + 240\sigma_3(2) = -264\sigma_9(2)$$

这是一个有关 2 的因数的三次幂、五次幂和九次幂的奇怪公式. 用数字方法验证. 左边为

$$-504(1 + 2^5) - (240)(504) + 240(1 + 2^3)$$
$$= -504 \cdot 33 - 240 \cdot 504 + 240 \cdot 9 = -135\,432$$

右边为

$$-264(1 + 2^9) = -135\,432$$

如果你喜欢算术运算, 你可以利用 q^3 系数相等, 然后看一下你会得到什么.

5. M_k 和 S_k 的维数

正如目前你所看到的 (我们在第 14 章中还有其他的例子), 非常容易知道的是, 首先是 M_k 和 S_k 是有限维向量空间, 其次是它们的维数是多少. 该如何才能知道它呢? 在这里我们不打算探讨任何细节, 但可以粗略地讨论一下.

从图 12.1 中取基本域 Ω. 任何模形式都是由它在 Ω 上的值决定的. 现在 Ω 比上半平面 H 小很多. 虽然有点不平衡, 但我们知道它包含左边界部分而不包含右边界部分. 考虑 $\overline{\Omega}$ 更全面, 它包含两边的边界. (它称为 Ω 的**闭包**.) 但 $\overline{\Omega}$ 作为基本域太大了. 如果点 z 是它右边界上的点, 那么点 $z - 1$ 在它的左边界上, 并且两个点在 $\mathrm{SL}_2(\mathbf{Z})$ 中有相同的轨道. (事实上, $z = \boldsymbol{\gamma}(z - 1)$, 其中 $\boldsymbol{\gamma} = \begin{bmatrix} 1 & 1 \\ 0 & 1 \end{bmatrix}$.) 同样, 在右半圆边上的点 z 与在左半圆边上的

某个点也具有相同的轨道,即 $-\dfrac{1}{z}$.(这里与之相关联的矩阵是 $\begin{bmatrix} 0 & 1 \\ -1 & 0 \end{bmatrix}$.)

所以更彻底的做法是使用全部 $\overline{\Omega}$,但要"等同"或"缝合"(在拓扑下)右边和左边的垂直直线和半圆,通过将每个在 $\overline{\Omega}$ 的边界的点 z 和轨道上在边界上的另一点粘在一起.

当做了这个"缝合"后,我们得到一个看起来像在 ρ 有一个尖点的袜子.(点 ρ 是单位圆右边的 6 次根.)也有在脚后跟稍平的一点 i(-1 的平方根).除了这两个"奇异"点,袜子剩余的部分都很好并且是光滑的.因为我们是从复平面构造了这个形状,袜子仍然是一个"复空间",意味着可以在上面作复分析.称其为长袜 Y.

有一种方法可以消除两个奇异点 ρ 和 i 而让 Y 为所谓的黎曼面.黎曼面仍不能令人满意,因为不"紧".这个问题意味着你可以沿着柄轴到无限远.(它对应着让 z 的虚部在 $\overline{\Omega}$ 内趋于 ∞.)可以通过"缝合"袜口来解决紧性问题,并且当我们以正确的方式"缝合"后(它相当于严格的取 q- 扩张为泰勒级数),那么就会得到一个紧的黎曼面.它看起来像一个非常畸形的球体.从拓扑的角度来看,它是一个球体,除了它是一个球体,请记得它上面有一些有趣的点,即 ρ,i 和在"**无穷**"的尖点.称这个球为 X,因此 $X = Y +$ 无穷远处的一点.[1]

现在,一个紧的黎曼曲面成为一个真正的数学对象.我们可以在上面做复分析——微分、积分等.可以从把模形式看作 X 上的一类函数来重新解释模形式的概念.因为自守因子的阻碍,它并不是真正的函数,但它是向量丛的截面(不管这是什么意思).关键的一点是,在这样一个背景下截面的空间是一个有限维向量空间,并且有一个叫黎曼-罗赫定理的方法让我们可以计算这个向量空间的维数.把这个看作复杂巧妙的形式只是为了使用复分析的工具如留数定理.事实上,只要你想,任何东西都可以用留数来描述.

---

[1] 如果你在 $SL_2(\mathbf{Z})$ 的同余子群 Γ 上工作,那么你可以做类似的事,这儿有一个非常好的基本域.你可以取它们的闭包,磨光它的奇异点,添加尖点并得到一个紧的黎曼面,它被称为对应于 Γ 的**模曲线**.它被称为模曲线而非平面是因为在数论中我们感兴趣的是它作为 $\mathbf{C}$ 上的代数对象,从点的角度来看,它的维数是 1.

　　总之,一旦重新考虑模形式,把它作为一个长在复的黎曼面的分析对象,自然地一个给定的正整数权 k 的模形式就构成了一个有限维向量空间.而且,可以通过使用复分析和记住有趣的点 ρ、i、"无穷远"尖点来计算维数.

　　维数是多少？答案就在这里.令 m_k 表示模形式 M_k 的空间的维数,并且 s_k 表示尖形式 s_k 的空间的维数,已经看到,无论 k 是什么(只要 k 是非负偶数),都可以得出 $s_k = m_k$ 或者 $s_k = m_k - 1$.(像往常一样,在这一章中,我们看到的是完全模群 $\mathrm{SL}_2(\mathbf{Z})$ 的模形式.)

　　首先,如果 $k = 0$,这是常数函数.它们显然在 M_0 中.(检验该定义.)它们组成维数为 1 的向量空间,基由单个元素给出:常数函数为 1.但这里没有权为 0 而不是 0 函数的尖形式,因此 $m_0 = 1$ 且 $s_0 = 0$.

表 13.1　　m_k 和 s_k 的值

k	0	2	4	6	8	10	12	14	16	18	20	22	24	26	28	30	32	34	36	38	40
m_k	1	0	1	1	1	1	2	1	2	2	2	2	3	2	3	3	3	3	4	3	4
s_k	0	0	0	0	0	0	1	0	1	1	1	1	2	1	2	2	2	2	3	2	3

　　其次,如果权 $k = 2$,结果是 $m_2 = s_2 = 0$.这里没有权为 2 的模形式,或者,更准确地说,权为 2 的模形式仅是 0 函数.(0 函数是任意权的模形式并且是尖形式.)

　　对任意 $k \geq 4$,$m_k = s_k + 1$ 为真,因为这里有一个艾森斯坦级数拥有权 4,6,8,10,⋯.

　　如果 $k = 4,6,8$ 或 10,那么仅有权为 k 的模形式是数乘艾森斯坦级数,因此对那些权总有 $m_k = 1$ 且 $s_k = 0$.

　　从 $k = 12$ 后开始,m_k 和 s_k 的维数具有周期为 12 的周期行为.任何时候你向前移动 12,你就加 1：$m_{k+12} = m_k + 1$ 和 $s_{k+12} = s_k + 1$.首先,有

$$m_{12} = 2 \quad m_{14} = 1 \quad m_{16} = 2 \quad m_{18} = 2 \quad m_{20} = 2 \quad m_{22} = 2$$

为得到下一组,只增加 1：

$$m_{24} = 3 \quad m_{26} = 2 \quad m_{28} = 3 \quad m_{30} = 3 \quad m_{32} = 3 \quad m_{34} = 3\cdots$$

　　对 $k \geq 4$,如果你想知道 s_k,只需从 m_k 中减去 1.例如,$s_{12} = 1$,与我们的

主张一致, 权为 12 的尖形式是 Δ 的数乘. 我们在第 15 章中我们将会看到 24 个平方数的和是什么意思.

对 $k > 0$, 可以将 m_k 的公式分成两部分来直观地总结这个周期性.

$$
m_k = \begin{cases} \dfrac{k}{12} + 1 & k \not\equiv 2\,(\bmod\ 12) \\[2mm] \left\lfloor \dfrac{k}{12} \right\rfloor & k \equiv 2\,(\bmod\ 12) \end{cases}
$$

这里的记号 $\lfloor x \rfloor$ 表示不超过 x 的最大整数. m_k 和 s_k 最初的一些值列举在表 13.1 中. 那些有趣的浸在权 $k = 14, 26, \cdots$ 的维数使用黎曼-罗奇公式可以计算出来.

第 14 章　同余群

1. 其他权

通过了解已知的所有 $SL_2(\mathbf{Z})$ 群的模形式就能抓住模形式的主要思想. 你可以想象类似的事情对即将定义的同余子群的模形式也成立,然而,要想在接下来的几章中讨论模形式的应用,就不得不涉及这些同余群.

从抽象的观点闲聊权不是正偶数 k 的模形式 f 时,可能就会带出同余群. 我们总是想要求模形式是上半平面 H 上的解析函数. 同样地,也总是要求 f 在尖点附近的某些增长性条件,而从现在开始,将不在明确提及. 当你要详细地理解理论时,增长性条件很重要,但为了体会基本思想,将其放在背景里面.

最主要的是 f 在 $SL_2(\mathbf{Z})$ 中的矩阵 γ 作用下的变换法则. 请记住,如果 f 的权为 k,那么

$$f(\gamma(z)) = (cz + d)^k f(z)$$

上式对所有 $SL_2(\mathbf{Z})$ 中的 $\gamma = \begin{bmatrix} a & b \\ c & d \end{bmatrix}$ 成立,其中 $\gamma(z) = \dfrac{az + b}{cz + d}$.

首先,我们感到疑惑的是权为奇数的模形式会是什么. 对所有 $SL_2(\mathbf{Z})$,假设 $f(z)$ 是一个权为 k 的模形式,这里假设 k 为正并且是一个奇数. 考虑对矩阵 $\gamma = -I$ 的变换规则,这里的 $-I$ 是一个 2×2 矩阵

$$-I = \begin{bmatrix} -1 & 0 \\ 0 & -1 \end{bmatrix}$$

因为对这个 γ 有 $\gamma(z) = z$ 且 $cz + d = -1$，由 γ 的变换法则得 $f(z) = (-1)^{k}$ $f(z) = -f(z)$. 这意味着 $f(z)$ 必恒等于0. 对全部模群,这里"**不**"具有奇数权的模形式. (当然,常数函数 0 是具有任意权的模形式,因此,这个"不"意味着有点半信半疑."不"意味着"没有除 0 以外的函数".)

如果(甚至更糟糕地)假设权 k 为一个分数 $\dfrac{p}{q}$,这里的 p 和 q 互素且 $q \neq 1$,那么可能让人感到困惑的是当解释表达式 $(cz + d)^{\frac{p}{q}}$ 时,究竟应取哪一个 q 次根. (这里也还有别的要担心的事情,我们把它放在后面.)

如果放松变换规则,就可以得到具有其他权的模形式. 可以简单地表明变换法则并不是对任意属于 $SL_2(\mathbf{Z})$ 的 γ 有效,而只是对群中的部分 γ 有效.

例如,回到奇整数权. 如果在所允许的 γ 中的 a, b, c 和 d 上加上某些同余条件,就可以从群中消去 $-I$. 例如,如果定义 $\Gamma_1(3)$ 是 $SL_2(\mathbf{Z})$ 中的矩阵 $\begin{bmatrix} a & b \\ c & d \end{bmatrix}$ 且满足 $a \equiv d \equiv 1 (\bmod\ 3)$,以及 $c \equiv 0 (\bmod\ 3)$,那么 $-I$ 就不在 $\Gamma_1(3)$ 中. 因此,如果权要求的变换法则只是矩阵集合 $\Gamma_1(3)$ 中的那些 γ,那么就可以不用考虑在 $-I$ 下的那个致命的变换. 事实上,对 $\Gamma_1(3)$,这里有丰富的具有奇数权的模形式.

具有分数权的模形式的理论在同余子群下同样有效. 因此,给出一些精确的定义.

定义 $SL_2(\mathbf{Z})$ 的一个子群是 $SL_2(\mathbf{Z})$ 的子集 K 并具有性质

(1) I 属于 K.

(2) 如果 A 属于 K,那么 A^{-1} 也属于 K.

(3) 如果 A 和 B 都属于 K,那么 AB 也属于 K.

还有一个术语:如果 K 是 $SL_2(\mathbf{Z})$ 的子群,L 是 K 的子集同时也是 $SL_2(\mathbf{Z})$ 的子群,那么我们就称 L 是 K 的子群.

对 $SL_2(\mathbf{Z})$ 的一些子群的例子——我们会重复引用它们——从选择一个正整数 N 开始,定义

$$\Gamma(N) = \{ \gamma \in SL_2(\mathbf{Z}) \mid \gamma \equiv I (\bmod\ N) \}$$

简言之，$\Gamma(N)$ 由所有矩阵 $\begin{bmatrix} a & c \\ b & d \end{bmatrix}$ 组成，这里的 a,b,c 和 d 都是整数，$ad - bc = 1$ 且 $a - 1, b, c$ 和 $d - 1$ 都整除 N. 〔请注意，事实上 $\Gamma(1)$ 属于 $\mathrm{SL}_2(\mathbf{Z})$.〕我们留给你去验证 $\Gamma(N)$ 确实是 $\mathrm{SL}_2(\mathbf{Z})$ 的子群. 它意味着你必须检验单位矩阵 I 属于 $\Gamma(N)$，两个属于 $\Gamma(N)$ 的矩阵的乘积仍然属于 $\Gamma(N)$，并且 $\Gamma(N)$ 中的矩阵的逆也属于 $\Gamma(N)$.

这里还有我们熟悉的其他两个 $\mathrm{SL}_2(\mathbf{Z})$ 的重要子群：

$$\Gamma_0(N) = \left\{ \gamma = \begin{bmatrix} a & b \\ c & d \end{bmatrix} \in \mathrm{SL}_2(\mathbf{Z}) \mid c \equiv 0\,(\mathrm{mod}\ N) \right\}$$

$$\Gamma_1(N) = \left\{ \gamma = \begin{bmatrix} a & b \\ c & d \end{bmatrix} \in \mathrm{SL}_2(\mathbf{Z}) \mid c \equiv a - 1 \equiv d - 1 \equiv 0\,(\mathrm{mod}\ N) \right\}$$

同样地，你可以根据定义验证它们都是子群.

这些定义虽然看起来平淡无奇，但是它们却十分有用. 对数论来说，它们是 $\mathrm{SL}_2(\mathbf{Z})$ 中最有用的子群，对研究模形式尤其有用. 因为定义中使用了同余，它们是"同余群"的例子. 请注意，$\Gamma(N)$ 是 $\Gamma_1(N)$ 的子群，并且依顺序 $\Gamma_1(N)$ 是 $\Gamma_0(N)$ 的子群. 同样地，如果 $N \mid M$，那么 $\Gamma(M)$ 是 $\Gamma(N)$ 的子群，$\Gamma_0(M)$ 是 $\Gamma_0(N)$ 的子群，以及 $\Gamma_1(M)$ 是 $\Gamma_1(N)$ 的子群.

我们很容易定义 $\mathrm{SL}_2(\mathbf{Z})$ 的最一般的同余子群.

定义　K 是一个同余群，如果

(1) K 是 $\mathrm{SL}_2(\mathbf{Z})$ 的子群.

(2) 对某个正整数 N，$\Gamma(N)$ 是 K 的子群.

如果在条件(2)中，取最小的 N 使得 $\Gamma(N)$ 位于 K 中，那么称 N 为 K 的**阶**. 例如，$\Gamma(N),\Gamma_0(N)$ 和 $\Gamma_1(N)$ 的阶是 N. 请注意，$\mathrm{SL}_2(\mathbf{Z})$ 自身的阶为 1 且是唯一的阶为 1 的同余群.

2. 高阶和整数权的模形式

我们将模形式的定义扩展到所有的同余群 Γ，令 k 是一个整数. 现在可

得到非零模形式的例子，即使 k 是一个正奇数. 称 $f(z)$ 对 Γ 是一个权为 k 的模形式，如果

（1）$f(z)$ 是上半平面 H 上的解析函数.

（2）$f(z)$ 在不具体说明的尖点处满足某种增长性条件.

（3）$f(z)$ 对 Γ 中的矩阵满足通常的变换法则. 准确地说，对任意属于 Γ 中的 γ，有

$$f(\gamma(z)) = (cz + d)^k f(z)$$

其中，$\gamma = \begin{bmatrix} a & b \\ c & d \end{bmatrix}$. 请注意，我们可能很幸运，并且 f 也可能同样满足其他矩阵的变换法则. 换句话说，把这个倒过来，如果 f 是对 Γ 的模形式，那么它也将被认为是 Γ 的任意同余群的模形式.

（4）$f(z)$ 在所有尖点解析. 事实上，它蕴含了条件（2）.

（5）如果它在所有尖点处都为零，则称 $f(z)$ 为尖形式.

如果 Γ 具有阶 N，你可能会想，也可以说 $f(z)$ 的阶为 N. 不过，出于技术原因，我们不这样说. 但是，如果 $\Gamma = \Gamma_1(N)$，那么 f 的阶为 N.

为了解释条件（2）、条件（4）和条件（5），我们不得不开始学习下一节.

3. 基本区域和尖点

记得在第 12 章第 3 节中，$\mathrm{SL}_2(\mathbf{Z})$ 有一个基本区域 Ω，它决定了 $\mathrm{SL}_2(\mathbf{Z})$ 如何作用在上半平面 H 上. 即对任意点 z 属于 H，在 Ω 中存在点 z_0 和在 $\mathrm{SL}_2(\mathbf{Z})$ 中存在某个 γ 使得 $\gamma(z_0) = z$. 你可以把 z_0 看作 $\mathrm{SL}_2(\mathbf{Z})$ 通过 z 的轨道的"基地". 另一个 Ω 必须满足的条件是，如果 z_0 和 z_1 属于 Ω 且 γ 属于 $\mathrm{SL}_2(\mathbf{Z})$，并且如果 $\gamma(z_0) = z_1$，那么 $z_0 = z_1$. 换句话说，在 Ω 中没有冗余：它包含且仅包含每条轨道上的一个点. 故模形式 $f(z)$ 的所有值由它在 Ω 上的值决定.

现在假设 $f(z)$ 是对某个固定的同余群 Γ 的模形式. 我们只需知道在 γ

属于 Γ 下的变换法则,它可能比 $SL_2(\mathbf{Z})$ 小得多的. 根据 f 在 Ω 上的值,我们没有足够的信息来确定 f 在任意处的值. 我们应该怎么做?

扩大 Ω 使它成为 Γ 的基本域. 结果表明,这里有属于 $SL_2(\mathbf{Z})$ 的有限个矩阵 $g_1,\cdots,g_t$ 具有如下性质:

如果定义

$$\Omega_i = g_i\Omega = \{z \in H \mid z = g_i(w), \text{对某个 } w \in \Omega\}$$

然后做成并集 $\Psi = \Omega_1 \cup \Omega_2 \cup \cdots \cup \Omega_t$, 正如 Ω 是 $SL_2(\mathbf{Z})$ 的基本域,Ψ 是 Γ 的基本域.

例如,图 14.1 包含了 $\Gamma_0(3)$ 的基本域图形,它与在图 12.1 中得到的标准基本域 Ω 相同.

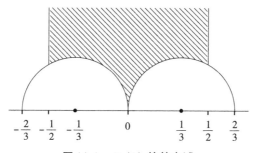

图 14.1　$\Gamma_0(3)$ 的基本域

与 Ω"离开"到 $i\infty$ 具有相同的方式,这里在 $\mathbf{R} \cup \{i\infty\}$ 上会有有限多个点使得 Ψ"离开". 这些点是 Ψ 的尖点. 虽然 Ψ 的基本域不唯一,但是它的尖点的轨道唯一决定于 Γ 并且无关乎我们做出的任何其他选择. 总之,Ψ 将有一定数量的尖点. 它们并不是在 Ψ 或者在 H 中的点,但确实是在实直线上或在 $i\infty$ 上的"点". 例如,$\Gamma_0(3)$ 的任意基本域确实有两个尖点.

任意这样一个尖点的形状与 Ω 的唯一尖点相似. 记住,$SL_2(\mathbf{Z})$ 的模形式是周期为 1 并且具有 q- 扩张的. $f(z)$ 是模形式的条件之一是它的 q- 扩张中没有 q 的负指数,进一步来说,$f(z)$ 是尖形式的条件是它的 q- 扩张中的常数项是 0.

事实证明,对于给定的 Γ 的模形式(这里 Ψ 是 Γ 的基本域)的每个 Ψ 的尖点都有类似的情况. 在每一个这样的尖点处,存在一个 $\tilde{q}$- 扩张,并且上一节中的条件(4)意味着对任意一个尖点这个 $\tilde{q}$- 扩张没有 $\tilde{q}$ 的负指数. 当然,

这个 $\tilde{q}$ 依赖于尖点. 它不是 $e^{2\pi i z}$, 而是一个与之相似的函数. 所有尖点"为零"的意思现在我们应该清楚了:它意味着在任意点的 $\tilde{q}$- 扩张中常数项为 0.

4. 半整数权的模形式

现在设权 k 为分数. 为了本书的目的,仅考虑 k 是一个半整数的情形. 这意味着 $k = \dfrac{t}{2}$, 其中 t 是奇数. 引述巴扎德(Buzzard, 2013)的观点, "权为 $\mathbf{Z} + \dfrac{1}{2}$ 的理论完全不同于权为 $\mathbf{Z}$ 的理论,以至于我们定义具有半整数的模形式时,特别将权为 $\mathbf{Z}$ 排除在外." 尽管半整数权的理论相当丰富且让人着迷,但是它非常复杂,在本书中我们避免使用它. 然而,因为想使用模形式 η, 它的权为 $\dfrac{1}{2}$, 所以我们用很短的篇幅来介绍它. 此外,考虑奇数个平方的和自然会导出半整数权的模形式.

这里有不同的方法来定义半整数权的模形式. 为了使变换法则生效,我们必须做一些奇特的涉及所谓的"倍增系统"的巧妙运用. 这是一种定义的方法:复制整数 k 的定义但允许倍增. (你也要小心增长性条件,但在这里无须担心.)

如果放弃 1 阶,这个理论就变得简单了. 记住, 1 阶意味着要求对任意属于 $\mathrm{SL}_2(\mathbf{Z})$ 的矩阵要有很好的变换法则. 如果坚持更小的同余群,那么就可以发展出更简单的理论. 特别地,假设要求 Γ 是 $\Gamma_0(4)$ 的同余子群. 那么具有半整数权 k 的模形式是 H 上的解析函数,对任意 γ 属于 Γ, 它的变换是

$$f(\gamma(z)) = j(\gamma, z) f(z)$$

这里的 $j(\gamma, z)$ 是一个与 $(cz + d)^k$ 相关但有点复杂的函数. 更多有关的信息,你可以阅读巴扎德(Buzzard, 2013)的文章或查看这篇文章的参考文献.

通常,我们要求 f 在尖点处解析. 此外,阶为 N 且具有半整数权 k 的模形式是一个有限维向量空间. 关于这个空间,我们已经知道了很多,但是这个理论已远远超出了本书的范围.

第 15 章 回顾分拆与平方数的和

1. 分拆

在本章中,将讨论如何运用模形式来解决在本书前面所提问题中的一些例子. 大多数结果的证明由于过于前沿而不包括在内,但是可以瞥见为什么模形式能进入数学游戏中.

回想一下,如果 $p(n)$ 是 n 的分拆的正的成员的个数(不考虑该成员的顺序),那么我们知道它的生成函数形如:

$$F(q) = \sum_{n=1}^{\infty} p(n) q^n = \prod_{i=1}^{\infty} \frac{1}{1 - q^i}$$

这里已把生成函数的变量从 x 变成 q,因为即将设 $q = e^{2\pi i z}$ 且把 $F(q)$ 看作上半平面的函数.

通常确实如此:如果在无穷和与无穷乘积之间有一个非平凡的恒等式,那么就有一些办法,它们

(1)有趣,

(2)有用,并且

(3)难以证明.

这个特殊的恒等式不难证明,但它很有趣,对研究分拆函数非常有用.

因为迫使 F 成为 q 的函数,我们自然知道,当把 F 看作一个函数时,它是一个周期为 1 的周期函数. $F(q)$ 可能是一个模形式吗? 错了. 但它可能与模形式有关,在本节的后面将看到. 利用这个关系,可以证明一些非常好

的定理.（我们要提到的结果也可以用其他方法来证明.还有其他更深奥的结果证明了这一点——正如所有人知道的一样——需要模形式的理论和相关的方法.）我们将提到两个定理:一个是关于 $p(n)$ 的大小,另一个是关于 $p(n)$ 满足的同余式.

$p(n)$ 有多大? 如果你用手做一些计算,你很快就会感到累,因为 $p(n)$ 在快速变大.但有多大? 回答这个问题的一个方法是根据其他关于 n 的函数,给出 $p(n)$ 一个明确公式,然后看看其他函数有多大.尽管这里确实有根据其他关于 n 的函数的 $p(n)$ 的公式,但涉及的函数也相当复杂.一个更清晰的回答是,用其他更容易理解大小的关于 n 的函数给出 $p(n)$ 的近似公式.

例如,假设你有两个关于 n 的函数,记为 $f(n)$ 和 $g(n)$,把 f 当作"未知"而把 g 当作好的函数.用符号

$$f(n) \sim g(n)$$

来表示

$$\lim_{n \to \infty} \frac{f(n)}{g(n)} = 1$$

这个公式称为 f 关于 g 的"渐近公式".例如,素数定理给出了函数 $\pi(N)$ 的一个渐近公式.

下面关于 $p(n)$ 大小的渐近公式归功于哈代和拉马努金(Hardy 和 Ramanujan):

$$p(n) \sim \frac{e^{a(n)}}{b(n)}$$

这里 $a(n) = \pi\sqrt{\frac{2n}{3}}$, $b(n) = 4n\sqrt{3}$. 该渐近公式表明, $p(n)$ 比 e^n 增长得更慢,但比任何关于 n 的多项式快.

关于 $p(n)$ 的另一种采用模形式证明的结果是同余,这归功于拉马努金,涉及 $p(n)$ 关于模 5,7 和 11 的确定值:

$$p(5k + 4) \equiv 0 \pmod 5$$

$$p(7k + 5) \equiv 0 \quad (\mathrm{mod}\ 7)$$

$$p(11k + 6) \equiv 0 \quad (\mathrm{mod}\ 11)$$

这些是模为素数 m 时, $p(n)$ 的同余式. 当 $m = 5,7$ 或 11 时, n 是具有形式 $n = mk + d$ 的等差数列. Ahlgren 和 Boylan 证明了模为其他素数没有这样的同余, 并且 m 为 $5,7,11$ 时, 只能得到 $5k + 4, 7k + 5$ 和 $11k+6$ 的同余. [1] 这里涉及的素数是小于 12 不等于 2 或 3 的素数. 这是因为以某种神秘的方式联系在一起的 Δ 的权为 12. 整除 12 的素数是"特殊的". [2]

我们能在 $F(q)$ 和模形式之间找到什么关系? 这样的关系来自一个非凡的公式, 称为 Δ 的权为 12 的尖形式. 还记得在第 13 章第 4 节中定义的

$$\Delta = \frac{1}{1\,728}(E_4^3 - E_6^2) = \sum_{n=1}^{\infty} \tau(n) q^n$$

系数 $\tau(n)$ 不能完全被理解. 我们遵循了拉马努金的观点, 并且称它们为 $\tau(n)$. 当然, 我们可以使用计算机计算"小" n.

雅可比证明了令人惊叹的公式

$$\Delta = q \prod_{i=1}^{\infty} (1 - q^i)^{24}$$

讨厌的 12 又出现了, 当然, 它翻了一倍变成了 24.

我们可以把雅可比公式应用到分拆函数的生成函数 $F(q)$ 中, 除以 q 并取 24 次根, 然后取倒数, 可得

$$\left(\frac{q}{\Delta}\right)^{\frac{1}{24}} = \prod_{i=1}^{\infty} (1 - q^i)^{-1} = F(q)$$

那很容易! 这里最大的问题是取 24 次根. 因为处理的是复变量的复值函数, 对每个非零复数值, 这里有 24 种可能的 24 次根, 并且没有理由相信可以用连贯的方式来选择它们. 一个较小的问题是模形式的倒数通常不再

---

[1]　关于分拆函数的其他许多同余已经被证明.

[2]　似乎没有任何已知的非平凡一般的同余模 2 或模 3. 特别是, 没有一个简单的公式是已知的, 可以用给定任意一个整数 n, 判断 $p(n)$ 是偶数还是奇数.

是模形式. 同样地, q 本身也不是模形式, 因此, $F(q)$ 也不是, 但 $F(q)/q^{\frac{1}{24}}$ 应该与模形式有关. 我们确实看到了 $F(q)$ 可能与权为 $\frac{1}{2}$ 的模形式有关. 为什么? 函数 Δ 的权为 12, 并且取它的 24 次根(如果我们能做得很好)将给予权 $\frac{12}{24} = \frac{1}{2}$.

Dedekind 通过以下公式定义了 η- 函数

$$\eta(q) = q^{\frac{1}{24}} \prod_{i=1}^{\infty} (1 - q^i)$$

这里定义 $q^{\frac{1}{24}} = e^{\frac{i\pi z}{12}}$. (请注意这里的 24 次根的选择是清楚的.)使用这个符号, 我们看到分拆函数的生成函数满足方程

$$\frac{q^{\frac{1}{24}}}{F(q)} = \eta(q)$$

因此, 在 $\eta(q)$ 中发现的事实可以很容易得出 $F(q)$, 进而得到 $p(n)$ 新的结果.

函数 $\eta(q)$ 应该是权为 $\frac{1}{2}$ 的模形式. 当然, 必须小心地说权为 $\frac{1}{2}$ 的模形式的含义. 在变换法则下, 首先要担心的是取 $(cz + d)$ 的哪一个平方根, 但事实证明, 做出一致的选择并不难. 更严重的是, 对任意 γ 属于 $\mathrm{SL}_2(\mathbf{Z})$, 如果想要一个好的变换法则, 需要通过一个非常复杂的依赖于 γ 单位根乘以我们认为可能会是正确的自守因子. 能告诉我们使用哪一个根的规则称为 "倍增系统". 适当地修改定义, 可以称 η 为一个"权为 $\frac{1}{2}$ 具有诸如此类的倍增系统的模形式乘子系统,"并推广此类形式的性质.

请注意, $\eta^{24} = \Delta$. 因为 Δ 是一个偶数权的好模形式, 所以它不需要倍增系统. 可以断定 η 的倍增系统是 24 次单位根.

总之, 分拆函数 $p(n)$ 的生成函数与各种模形式密切相关. 因此, 这些模形式的知识和它们所具有的性质使人们能够证明关于 n 的分拆数的各种令人惊讶的定理, 其中, 有两个在本节开始时曾提到.

2. 平方和

始于公式

$$\frac{\eta(q)}{q^{\frac{1}{24}}} = \prod_{i=1}^{\infty} (1 - q^i) ,$$

欧拉证明了

$$\prod_{i=1}^{\infty} (1 - q^i) = \sum_{m=-\infty}^{\infty} (-1)^m q^{\frac{m(3m-1)}{2}}$$

这个恒等式有许多证明. 欧拉发现了一个不会超过高中代数知识范围的方法,但他的证明非常巧妙. 右边 q 的指数称为**广义五边形数**. 它们始于 $0,1,2,5,7,12,15,22,26,\cdots$, 依照数字顺序递增. 如果你在列表中任意选取其他的数,标记为从 1 开始,你就得到通常的五边形数,它们的名称可以在图 5.4 中看到.

现在,欧拉恒等式的左边与模形式密切相关,特别是它的权为 $\frac{1}{2}$. 右边是各项的求和,每一项的系数为 ± 1、指数为 m 的二次函数. 我们可以尝试更简单的方法,但思路相同:取所有的系数为 1 和指数简单地设为 m^2, 就得到一个关于 q 的传统级数(回到雅可比),称为 θ. 即

$$\theta(q) = \sum_{m=-\infty}^{\infty} q^{m^2} = 1 + 2q^2 + 2q^4 + 2q^9 + \cdots$$

这里,像往常一样,$q = e^{2\pi i z}$.

因为 q 是 z 的函数,可以将 η 和 θ 也作 z 的函数. 我们希望的是 $\theta(z)$ 与某种模形式或别的什么有关. 但事实超出了我们的期望(至少这一次如此). 事实上, $\theta(z)$ 是权为 $\frac{1}{2}$、阶[1]为 4 的模形式. 因为是通过 q 的幂级数定义

---

[1]　有关阶的概念请参见第 14 章. 如果你跳过了这一章,你只需知道这意味着在所有 $SL_2(\mathbf{Z})$ 的矩阵下,θ 不能很好地变化,而且在某个它们确定的子集下,因为 θ 的权是半整数,所以变换法则在某种程度上比我们写的整数权更复杂.

$\theta(z)$，它是周期为 1 的周期函数. 该证明的主要部分, 粗略地说, 涉及根据 $\theta(z)$ 来表示 $\theta\left(\dfrac{-1}{z}\right)$. 这可以用称为泊松求和的公式来完成, 它涉及傅里叶级数. 有趣的是, 这种 θ 函数也出现在傅里叶的热传导理论中.

处理具有半整数权的模形式比处理整数权的模形式更困难. 为了解决这个问题, 可以观察 $\theta^2(z)$，它是真正的权为 1、阶为 4 的模形式.

让我们看看 θ^2 的 q- 扩张:

$$\theta^2(z) = \left(\sum_{m=-\infty}^{\infty} q^{m^2}\right)^2 = \sum_{n=0}^{\infty} c(n)q^n$$

如何解释系数 $c(n)$? 嗯, 当取平方时, 如何才能得到 q^n 的非零项? 那就是必须有两个 m^2 加起来是 n. 有多少种方法可以做呢? 它是将 n 写成两个平方数的方法数, 使用由不同的方法计算[1]平方数的不同顺序, 如果 $m \neq 0$, 那么应分开计算 m 和 $-m$.

回想一下, 在第 10 章中, 定义了 $r_t(n)$ 作为将 n 写成 t 个平方数的和的所有方法数,

$$n = m_1^2 + m_2^2 + m_3^2 + \cdots + m_t^2$$

考虑整数的不同次序和整数 $m_1, \cdots, m_t$ 的符号. 与上一段同样的理由告诉我们

$$\theta^t(z) = \left(\sum_{m=-\infty}^{\infty} q^{m^2}\right)^t = \sum_{n=0}^{\infty} r_t(n)q^n$$

由此可知, $\theta^t(z)$ 是权为 $\dfrac{t}{2}$、阶为 4 的模形式.

---

[1] 现在你应该明白了, 为什么在第 10 章中, 我们想用这种模糊的方式计算有多少种方式将 n 写成两个平方数的和. 有了划分, 我们从最小到最大的部分排序, 无序划分不进入计数. 在每个问题中, "好"的计数方法是由每个问题与模形式的精确关系决定的. 如果我们用"坏"的计数方法, 我们将没有任何好的证明方法, 直到我们恢复"好"的计数方法.

通过用其他方法研究权为 $\frac{t}{2}$、阶为 4 的模形式空间,可以确定这个空间中的哪一个元素是等于 $\theta^t(z)$. 这样,就能证明对各种不同的 t,$r_t(n)$ 的公式. 由于半整数权更深奥,我们现在明白为什么带有奇数 t 的 $r_t(n)$ 的公式比那些带有偶数 t 的更复杂和更困难. 同样地,我们发现当 t 被 2 的越来越高的幂(在一定程度上)整除时,模形式 $\theta^t(z)$ 在比 $\Gamma_1(4)$ 中的更多矩阵下变换得更好. 所以我们得到了更好的公式. t 的最佳值是 8 的倍数.

例如,当 $t = 2$ 时,可以研究权为 1、阶为 4 的模形式空间. 这使得我们能够推导出一个定理. 将正整数 n 写成两个平方数的和的(用"好"的计数方法计算)方法,$r_2(n)$ 由下式给出

$$r_2(n) = 4(d_1(n) - d_3(n))$$

这里的 $d_i(n)$ 是 n 的模 4 同余于 1 和 3 的正因子个数.

关于 $r_2(n)$ 的方程也可用其他方法证明. 正如在第 10 章第 2 节中所述,利用高斯整数 $\{a + bi \mid a, b \in \mathbf{Z}\}$ 的唯一因式分解可给出初等证明. 另一种证明它的方法是导出关于 θ 的 q- 扩张的平方公式,从一个称为"椭圆函数理论"的理论中导出,雅可比就是这样做的. 事实上,用这种方法,雅可比发现并证明了将 n 写成四个、六个和八个平方数的和的方法数的类似的公式.

但是如果想知道如何将 n 写成更多个平方数的和,看待这个问题的最好方法是通过透镜来看模形式. 用这种方法,根据模形式 q- 扩张的系数,能够得到 $r_t(n)$ 的公式. 作为这方面的一个例子,我们将计算出 24 个平方数的和的情况,它由拉马努金首先完成. (也有类似的公式,不同的复杂性,对于其他的平方数的总和.)在哈代的著作(Hardy,1959,pp. 153-157)中可以找到一个很好的解释. 哈代给出的证明比我们在这里做得更详细. (请注意哈代使用了与本书中不同的更古老的符号.)

首先,$\theta^{24}(z)$ 是对某个比 $\Gamma_1(4)$ 更大的同余群 Γ 的模. 这使得在权为 12 的 Γ 的模形式空间中很容易识别 $\theta^{24}(z)$. 如何识别? 好,我们知道权为 12 且阶为 1 的模形式,即 $\Delta(z)$. 将 z 用 z 的一个非平凡有理乘子代换,可以得到权为 12 的其他模形式. 我们得到的函数不再是完整群 $SL_2(\mathbf{Z})$ 的模形式.

但你可以检验出对更小的同余群,它就是模形式. 也就是说,它具有高阶.

例如,考虑由 $\Delta(2z)$ 给出的关于 z 的函数. 在 $\mathrm{SL}_2(\mathbf{Z})$ 中的一般矩阵 $\begin{bmatrix} a & b \\ c & d \end{bmatrix}$ 下,它不是正常的变换. 但是假设 $\gamma = \begin{bmatrix} a & b \\ c & d \end{bmatrix}$ 在 $\Gamma_0(2)$ 中,它意味着限制 c 为偶数. 在这种情况下, $\begin{bmatrix} a & 2b \\ \frac{c}{2} & d \end{bmatrix}$ 仍然在 $\mathrm{SL}_2(\mathbf{Z})$ 中. 因此

$$\Delta\left(\frac{az + 2b}{\frac{c}{2}z + d}\right) = \left(\frac{c}{2}z + d\right)^{12}\Delta(z)$$

将 z 换成 $2z$,得

$$\Delta\left(\frac{a(2z) + 2b}{\frac{c}{2}(2z) + d}\right) = \left(\frac{c}{2}(2z) + d\right)^{12}\Delta(2z) = (cz + d)^{12}\Delta(2z)$$

但是

$$\frac{a(2z) + 2b}{\frac{c}{2}(2z) + d} = 2\frac{az + b}{cz + d}$$

可以推出

$$\Delta(2\gamma(z)) = \Delta\left(2\frac{az + b}{cz + d}\right) = (cz + d)^{12}\Delta(2z)$$

这是在 $z \to \gamma(z)$ 下 $\Delta(2z)$ 的正确变换.

因此, $\Delta(2z)$ 是对 $\Gamma_0(2)$ 且权为 12 的模形式. 当看到这个模形式的 q-扩张时,请回想一下 $q = q(z) = e^{2\pi i z}$. 因此, $q(2z) = e^{2\pi i(2z)} = e^{2(2\pi i z)} = q^2$. 我们用以下方式定义 τ- 函数

$$\Delta(z) = \sum_{n=1}^{\infty} \tau(n)q(z)^n$$

由此可得

$$\Delta(2z) = \sum_{n=1}^{\infty} \tau(n)q(2z)^n = \sum_{n=1}^{\infty} \tau(n)q^{2n} = \sum_{m=1}^{\infty} \tau\left(\frac{m}{2}\right)q^m$$

其中,如果 a 不是整数,我们就定义 $\tau(a) = 0$.

类似地, $\Delta\left(z + \dfrac{1}{2}\right)$ 变为对 Γ 的模形式. 因为有美妙的公式 $\mathrm{e}^{\pi\mathrm{i}} = -1$,故有 $q\left(z + \dfrac{1}{2}\right) = \mathrm{e}^{2\pi\mathrm{i}\left(z+\frac{1}{2}\right)} = \mathrm{e}^{\pi\mathrm{i}}\mathrm{e}^{2\pi\mathrm{i}z} = -q(z)$,并且 $\Delta\left(z + \dfrac{1}{2}\right)$ 的 q- 扩张由下列公式给出

$$\Delta\left(z + \frac{1}{2}\right) = \sum_{n=1}^{\infty} (-1)^n \tau(n)q(z)^n$$

更仔细地分析这里所提供的条件将使我们能够准确地确定哪一个 Γ 是最大的同余群,对应于哪一个 $\theta^{24}(z)$ 是权为 12 的模形式. 然后,对那样的 Γ,我们能够指出权为 12 的模形式空间 $M_{12}(\Gamma)$ 的维数,进而指出 $M_{12}(\Gamma)$ 的基,并且可以将 $\theta^{24}(z)$ 写成基的线性组合.

原来 $\theta^{24}(z)$ 是 $\Delta\left(z + \dfrac{1}{2}\right)$,$\Delta(2z)$ 和一个权为 12 名为 E_{12}^* 的艾森斯坦级数的线性组合. 这不是在第 13 章中所看到的艾森斯坦级数 E_{12}. 它很相似但更复杂,因为 Γ 有多于一个的尖点,所以有更多不同范围的艾森斯坦级数. 然而,它们都有相同的风格. 回想一下 E_k 有一个 q- 扩张,q^n 的系数来自 n 的因子的 $(k-1)$ 次幂. 这就是我们正在谈论的风格. E_{12}^* 的 q- 扩张为:

$$E_{12}^*(z) = 1 + c\left(\sum_{n=1}^{\infty} \sigma_{11}^*(n)q^n\right)$$

这里的系数定义为

$$\sigma_{11}^*(n) = \begin{cases} \sigma_{11}^e(n) - \sigma_{11}^o(n) & \text{如果 } n \text{ 是偶数} \\ \sigma_{11}(n) & \text{如果 } n \text{ 是奇数} \end{cases}$$

这里的 $\sigma_{11}^o(n)$ 是 n 的正奇数因子的 11 次方的和,$\sigma_{11}^e(n)$ 是 n 的正偶数因子的 11 次方的和,$\sigma_{11}(n)$ 是 n 的所有正数因子的 11 次方的和,并且 c 是某个确定的有理数.

因此,这里存在有理数 s, t 和 u, 使得

$$\theta^{24}(z) = s\Delta\left(z + \frac{1}{2}\right) + t\Delta(2z) + uE_{12}^*(z)$$

你可以在两边找出让 s, t 和 u 必须通过匹配 q-扩张的前几个系数. 在这之后,你可以写出这个公式所隐含的等式,两边 q^n 的系数. 因为在 θ^{24} 中 q^n 的系数的确是 $r_{24}(n)$, 它是将 n 写成 24 个平方数的方法数. 你会得到这个数的经典公式,它先由拉马努金证明了:

$$r_{24}(n) = \frac{16}{691}\sigma_{11}^*(n) - \frac{128}{691}\left(512\tau\left(\frac{n}{2}\right) + (-1)^n 259\tau(n)\right) \quad (15.1)$$

第一个令人惊奇的是,请注意,因为左边是一个整数,右边的分数必须加成 n 的整数. 你也可以看到神秘的数字 691. 它是伯努利数 B_{12} 的分母. 它在过去 150 年的数论中有着悠久的历史.

你可能想要 $r_{24}(n)$ 的一个近似公式. 我们将因子函数 σ^* 看作"已知"——它易于理解也易于计算. 这是主要的项,从这个意义上说,当 $n \to \infty$ 时,

$$r_{24}(n) \sim \frac{16}{691}\sigma_{11}^*(n)$$

问这个近似值有多好正如问 n 与 $\sigma_{11}^*(n)$ 相比 $\tau(n)$ 有多慢一样. 通过一个雅可比公式立刻有了一个"简单界限". 拉马努金、哈代、兰金和其他人得到了越来越好的界限. 最好的界限出自拉马努金的猜测并由德利涅证明. 它表明:如果任意 $\varepsilon > 0$, 那么存在一个常数 k (依赖于 ε) 使得 $\tau(n) < kn^{\frac{11}{2}+\varepsilon}$. 因为证明这里有一个正常数 k' 使得 $\sigma_{11}^*(n) > k'n^{11}$ 并不困难,你可以看到这个近似值有多好.

如果你把 $r_{24}(n)$ 的式 (15.1) 与先前所得到的 $r_2(n)$ 比较,你可以看出差异. 后者纯粹以具有简单数论意义的函数为基础,即与 1 和 3 关于模 4 同余的 n 的因子数. 这里对 $r_4(n), r_6(n)$ 等有相似的公式,涉及各种因子关于 n 的幂和以及其他一些函数的初等数论的意义. 但是当你得出 $r_{24}(n)$ 时,你就得到了这种新函数,即 $\tau(n)$.

"函数 $\tau(n)$ 仅被当作系数定义,当问及是否有合理而简单的'算术'定

义时是自然的,但是还没有找到."哈代在 1940 年写到.20 世纪 70 年代初,德利涅证明了有一个弗罗贝尼乌斯特征多项式的伽罗瓦表示[1]生成了关于素数 p 的 $\tau(p)$ 的值.(现在人们已经知道从这些值中获得 $\tau(n)$ 的其他值.)这就是哈代当时想要寻找的"算术"定义.当然,哈代可能并不认为这是"相当简单的".

3. 数值实例和哲学思考

我们来测试式(15.1)是否对 $r_{24}(6)$ 成立.这将需要相当多的算术运算,但它揭示了公式是如何工作的.

首先,从左边计算 $r_{24}(6)$.这里仅有两种"基本"方法将 6 写成平方数的和:$6 = 1 + 1 + 1 + 1 + 1 + 1$(《镜中奇遇记》的阴影部分)和 $6 = 1 + 1 + 4$.但这不是正式的计数方法.我们必须遵循顺序和符号.想象一下,有 24 个编了号的位置.我们将按照 $0, 1, -1, 2$ 或 -2 这样一种方式将它们放在每个位置上,在所有的位置上的所有数字的平方和是 6.当然,大多数位置都必须用 0 来填充.

首先,让我们来处理 $6 = 1 + 1 + 4$ 的可能性.这里有 24 种选择放置 2 或者 -2.从而给出了共 48 种选择.

对每一种选择,我们将把 1 或 -1 放在剩下的 23 个位置中的两个位置,并将 0 放在剩余的位置中.如果使用两个 1 来放,放法的总数是二项式[2]系

---

[1]　参见第 17 章的更多关于伽罗瓦表示和弗罗贝尼乌斯特征多项式的介绍.

[2]　二项式系数的回顾:$\binom{a}{b}$ 是将 b 放入 a 个槽的方法数.对第一个槽有 a 种选择,第二个有 $a - 1$ 种选择,一直到最后一个有 $a - b + 1$ 种选择.这给出了将 b 放入 a 个槽总共有 $a(a - 1)\cdots(a - b + 1)$ 种选择,但是如果我们不能区分 b(因为它们都是一样的),那么我们把它们放在槽中的顺序就无关紧要,因此必须除以 $b!$,这是 b 的所有可能排列的数目.因此,有

$$\binom{a}{b} = \frac{a(a - 1)\cdots(a - b + 1)}{b!} = \frac{a!}{b!(a - b)!}$$

数 $\binom{23}{2}$,读作"23 选 2",这个公式给出了 $\binom{23}{2} = \dfrac{23 \cdot 22}{2}$.

对放入 -1 的情况,相同的结论仍然成立:这里有 $\binom{23}{2}$ 种放法.如果使用一个 1 和一个 -1,对于 1 来说,有 23 个位置,并且当选择了这个位置后,对于 -1 来说,还剩下 22 个位置,因此,总共给出了 $23 \cdot 22$ 种可能.然后剩下的地方只能填 0.总之,将 6 写成 24 个平方数的和,其中一个是 4,正式的计算为

$$A = 48 \left(2 \binom{23}{2} + 23 \cdot 22 \right) = 48\,576$$

其次,考虑 6 个 ± 1 相加.如果所有的数具有相同的符号,可得 $\binom{24}{6}$ 种不同的放法.如果使用一个 1 并且余下的为 -1,对 1 有 $\binom{24}{1}$ 个位置并且有 $\binom{23}{5}$ 种方法将 -1 放在剩下的位置中,当然,如果使用一个 -1 而剩余的都是 1,则计算方式相同.留给读者自行计算,如果这里有 2 个或者 3 个 1 而剩余的是 -1 会发生什么.请注意每一类有 3 个的情况需要一点技巧.在这种情况下,缺少 2 的因子.(为什么?)

通过这种方法,我们确定了把 6 用 ± 1 表示为平方和,以正式的计算方式,是

$$B = 2 \binom{24}{6} + 2 \cdot \binom{24}{1} \binom{23}{5} + 2 \cdot \binom{24}{2} \binom{22}{4} + \binom{24}{3} \binom{21}{3}$$

通过查二项式系数或计算它们,我们发现 $B = 8\,614\,144$,总计为

$$r_{24}(6) = A + B = 8\,662\,720$$

现在来看,当 $n = 6$ 时,式(15.1)的右边:

$$\frac{16}{691}\sigma_{11}^{*}(6) - \frac{128}{691}(512\tau(3) + (-1)^{6}259\tau(6))$$

在做详细的计算之前,看看是否在正确的轨道上——在计算中没有犯任何严重的错误. 最大的一项是

$$\frac{16}{691}6^{11} = \frac{5\,804\,752\,896}{691} = 8\,400\,510.703\,33\cdots$$

这里的答案介于 800 万和 900 万之间, $r_{24}(6)$ 的值也是如此. 目前是正确的.

现在来计算所有的项.

$$\sigma_{11}^{*}(6) = \sigma_{11}^{e}(6) - \sigma_{11}^{o}(6) = 2^{11} + 6^{11} - 1^{11} - 3^{11} = 362\,621\,956$$

因此

$$\frac{16}{691}\sigma_{11}^{*}(6) = \frac{5\,801\,951\,296}{691} = 8\,396\,456.289\,44\cdots$$

你能看到这个"占主导地位"的项与真正的答案 $r_{24}(6) = 8\,662\,720$ 是如此地接近. 现在来计算"误差"项.

查 τ- 函数表,发现 $\tau(3) = 252$ 和 $\tau(6) = -6\,048$. 因此

$$-\frac{128}{691}(512\tau(3) + 259\tau(6)) = -\frac{128}{691}(512 \cdot 252 - 259 \cdot 6\,048)$$

$$= -\frac{128}{691}(-1\,437\,408) = 266\,263.710\,564\cdots.$$

当我们把它加到主要项时,得到**整数**(必要时,但仍然令人惊讶)

$$8\,396\,456.289\,44\cdots + 266\,263.710\,564\cdots = 8\,662\,720$$

这的确是正确的.

现在从哲学上来解释. 一方面,所有这些算术运算的正确性是令人惊奇的. 另一方面,它必然发生——有人已经证明了这一点.(事实上,在第一次尝试中,我们就得不到公式 $r_{24}(6)$ 的两边相同的数字. 从差值来看,我们看到它等于 $48 \cdot 23 \cdot 22$. 这告诉我们,当计算 A 时肯定出了错——事实上,我们犯了一

个愚蠢的错误——反之,第一次我们就正确地完成了如此复杂的计算!)

因此,从某种意义上说,已经证明的公式是比用任何特定的计算来检查它"更真实".但这仅仅是因为公式是正确的,我们知道这一点是因为证明是正确的.数学家一生中最痛苦的时刻就是当他认为他已经证明了某件事,但在某个例子中却不起作用时.哪个是错的,证明还是例子?[1]

现在,如果你问某人,"你能用多少种方法将 6 写成平方和?"他可能会说,"两种方法:$1 + 1 + 1 + 1 + 1 + 1$ 和 $1 + 1 + 4$."山顶洞人都能考虑平方数之和的问题,毫无疑问的是沿着这些思路思考;是一个非常好的开始方式——毕竟,在计算分拆时,我们不关心成员的顺序,也不允许出现 0.但事实证明,提出这个问题并不能导致一个好的理论或一个好的答案.相反,我们换个问题,指定数目的平方和根据不同的顺序计算,并跟踪平方根符号且允许出现 0.然后得到了一个非常漂亮的理论,包括椭圆函数和模形式.

过了一段时间,别的事情发生了.许多数学家对模形式很感兴趣.对平方和的直接兴趣减弱了.平方和成为研究模形式的兴趣或动机.随着模形式理论的进步,它的新力量可以在这些旧问题上得到检验.特别是近年来,利用模形式和伪模形式,人们发现了各种各样的分拆特性.这一领域的一位大师是肯恩·小野(Ono,2015).

尽管如此,我们认为,公平地说,兴趣的中心已经转移到模形式本身.许多具有其他属性和应用潜力的模形式被发现.在接下来的两章中,我们会提到一些.有些应用相当深奥,例如,对伽罗瓦表示的应用.有些是令人惊讶的具体问题,如应用于同余数问题.具体的动机问题与理论之间的研究兴趣存在着此消彼长的关系,它可以变得非常复杂和抽象.问题的动机,特别是数论史上著名的问题,成为该理论变得如此强大的基石.这是我们一生中主要的例子,由怀尔斯及泰勒和怀尔斯合作完成的关于费马大定理的证明,他们以绝对本质的方式使用了模形式.[2]费马大定理的其他证明方式至今还没有完美实现.

---

[1] 请注意,从不同的角度看待"后现代"的观点,他们都是对的,这是没有意义的.

[2] 你可以参阅阿什和格罗斯(2012)的著作中的同余问题汇总,以及阿什和格罗斯(2006)关于费马大定理的证明.

第16章 模形式的更多理论

1. 赫克算子

并非所有模形式都是一样的构造. 从这一点来说, 本书可以带你进一步深入模形式世界, 我们需要挑选出那些所谓的**新形式**. 在一些书中, 它们被称为所谓的"**本原形式**"或"**标准新形式**".

下面是定义. 该定义以前未曾讨论过, 因此, 这一定义将作为本节和下一节的指南.

> **定义** 一个新形式是
>
> (a) $\Gamma_1(N)$ 的阶为 k (对某个 N 和 k) 的尖形式 f, 满足
>
> (b) f 是标准的,
>
> (c) f 是所有赫克算子的特征形式, 并且
>
> (d) f 不在阶为 N 原来的模形式空间中.

在本节中, 我们将回顾 (a) 并解释 (b) 和 (c) 的含义. 在下一节中解释 (d).

首先, 回忆 $\Gamma_1(N)$ 是 $\mathrm{SL}_2(\mathbf{Z})$ 的子群, 它由以下矩阵构成

$$\gamma = \begin{bmatrix} a & b \\ c & d \end{bmatrix}$$

这里的 a, b, c 和 d 都是整数, 行列式 $ad - bc = 1, c \equiv 0 \pmod{N}$, 并且 $a \equiv d \equiv 1 \pmod{N}$.

其次, 这些特殊的易于定义的同余子群的理论是该理论的谜团之一或事实之一, 它们是数论工作者开展模形式理论大部分工作所需要的.

特别地,我们知道 f 在 γ 下具有如下变换:

$$f(\gamma(z)) = (cz+d)^k f(z), \quad \text{其中,} \gamma(z) = \frac{az+b}{cz+d}$$

它们对所有 z 属于上半平面 H 和所有 γ 属于 $\Gamma_1(N)$ 成立. 当 f 满足这个变换法则后,称 f 具有"阶为 N 且权为 k".

如果 f 是阶为 N 的模形式,它有一个 q- 扩张

$$f(z) = a_0 + a_1 q + a_2 q^2 + \cdots + a_n q^n + \cdots$$

这里的 $q = e^{2\pi i z}$,并且系数 a_i 是复数(当然依赖于 f). 这是因为矩阵 $\begin{bmatrix} 1 & 1 \\ 0 & 1 \end{bmatrix}$ 属于 $\Gamma_1(N)$,它意味着 $f(z+1) = f(z)$. 因为 f 是周期为 1 的周期函数,它有 q- 扩张,这里的 q 与在 $i\infty$ 的尖点有关.

在每一个尖点处有一个相似的扩张. 这些尖点是仅依赖于 N,它们是 $\Gamma_1(N)$ 在基本域 H 里"向下变窄"到一个 $\mathbf{R}$ 上或者到 $i\infty$ 的点. 如果 $a_0 = 0$ 则称 f 是一个尖形式,另外在每个其他尖点处 f 将消失不见.

现在,对(b)来说很容易. 如果 f 是一个尖形式,那么它的 q- 扩张没有常数项. 它看起来像

$$f(z) = a_1 q + a_2 q^2 + \cdots + a_n q^n + \cdots$$

f 的基本的数论性质不应过多地依赖于是否用 f 或者 $23f$ 以及其他 f 的任意非零倍数. 如果我们确定 $a_1 = 1$,那么新形式的性质就会最大限度地展示出来. 如果 $a_1 \neq 0$,我们就很容易做到,因为可以除以 a_1. 如果 $a_1 = 0$,我们就可能迷惑了. 把这一点留在你的脑海里,简单地,如果 $a_1 = 1$ 就定义 f 是**标准的**,标准的尖形式的 q- 扩张看起来就像

$$f(z) = q + a_2 q^2 + \cdots + a_n q^n + \cdots$$

现在来看(c). 首先,单词"算子"恰好是"函数"的同义词. "函数"是规则的最一般的术语,它将一个集合(源)的每个元素传送给另一个集合(目标)的元素. 当源和目标是相同的集合时,我们通常使用术语"算子"来代替"函数". 特别地,如果源和目标本身是同一组函数,就会出现这种情况,

因此,如果说"函数的函数"就变得很尴尬了. 我们在术语"模形式"中看到了另一个这种优雅的例子. 同样地,"形式"是"函数"的同义词. 其使用受某些传统的限制.

因此,赫克算子 T 是从函数空间到自身的某个函数. 你认为什么样的空间会成为源和目标呢? 我们将使用阶为 N 权为 k 的所有尖形式空间,将它称为 $S_k(\Gamma_1(N))$. 与 S_k 相似, $S_k(\Gamma_1(N))$ 是一个有限维的复向量空间. 这意味着可以在 $S_k(\Gamma_1(N))$ 中选出有限个模形式 $f_1,\cdots,f_t$,且具有对任意属于 $S_k(\Gamma_1(N))$ 中的模形式 g,它有可以唯一地表示为它们的线性组合的性质,

$$g = b_1 f_1 + \cdots + b_t f_t$$

这里的 $b_1,\cdots,b_t$ 是一些复数,它们当然依赖于 g 并且由 g 和所选择的"基" $f_1,\cdots,f_t$ 唯一决定.

到目前为止,我们正在寻找的一个赫克算子将是一个函数 T:

$$T: S_k(\Gamma_1(N)) \to S_k(\Gamma_1(N))$$

顺便说一句,这些算子首先被莫德尔发现或使用,但是赫克将其定义在球上,现在以他的名字命名.

我们将给出一个定义,它相当简略、抽象,且没有包含过多信息,但它容易表述和计算. 这个定义的深层原因将不得不从本书中略去,因为它们需要太多的新思想.

事实上,为了简单起见,我们只打算给出赫克算子在 $N = 1$ 时的定义. 更一般的 N 阶的定义与此具有相同的风格,只是复杂一些而已. 因此,取 $f \in S_k(\Gamma_1(1))$ 是阶为 1 且权为 k 的尖形式. 例如,如果 $k = 12$,那么 f 可能是 Δ,对每一个正整数 n 有一个赫克算子 T_n,为了了解它对 f 的作用是什么,取 f 的 q- 扩张:

$$f(z) = a_1 q + a_2 q^2 + \cdots + a_s q^s + \cdots$$

对给出的 q- 扩张,定义 $T_n(f)$ 为

$$T_n(f)(z) = b_1 q + b_2 q^2 + \cdots + b_s q^s + \cdots$$

其中, b_m 的公式为

$$b_m = \sum_{\substack{r|n \\ r|m}} r^{k-1} a_{\frac{nm}{r^2}}$$

这里的和式是取遍同时整除 n 和 m 的所有正整数 r. 这不是显然的, 但正确的是 $T_n(f)$ 也是一个阶为 1 且权为 k 的模形式.

首先来看, 当 $m=1$ 时会发生什么. 在这种情况下, 条件 $r|m$ 迫使 r 是 1. 且只有一项, 即 $b_1 = a_n$.

另一个不太复杂的情况是, 如果 n 是素数 p, 那么 r 仅可能的值是 1 和 p. 可得

$$b_m = \begin{cases} a_{pm} + p^{k-1} a_{\frac{m}{p}} & \text{如果 } m \text{ 被 } p \text{ 整除} \\ a_{pm} & \text{其他情形} \end{cases}$$

将其代入 q- 扩张并表示为

$$T_p(f)(z) = \sum_{m \geq 1} a_{pm} q^m + p^{k-1} \sum_{m \geq 1} a_m q^{pm}$$

由此可知, T_p 的公式是用精确的方式由 q- 扩张得到的指数和系数, 涉及素数 p 和是否 p 能整除 m.

如果你愿意, 你可以承认赫克算子 T_n 理所当然的存在. 在本书的剩下部分, 我们不需要定义它们的精确公式, 但需要一些关于它们的事实.

第一个事实: 如果有人确切地告诉你, 对任意素数 p, T_p 对属于 $S_k(\Gamma_1(N))$ 的模形式 f 的意义, 那么, 对任意的 n, 你可以指出 T_n 对 f 的意义. 尽管这些公式有些复杂但也足够明晰并可以用计算机程序甚至人工计算出来, 如果 n 不是太大.

第二个事实: 假设 $S_k(\Gamma_1(N)) \neq 0$, 则对所有赫克算子都存在特征形式, 称为**赫克特征型**. 这是什么意思? 属于 $S_k(\Gamma_1(N))$ 的尖形式 f 是一个赫克特征型, 如果 f 不是零函数并且通过 f 的"直线"在任意 T_n 的作用下不移动. 这意味着对任意 n 有复数 λ_n 具有

$$T_n(f) = \lambda_n f.$$

复数 λ_n 称为**特征值**. 通过 f 的"直线"被定义为 f 的所有复数倍数.

我们可以进一步解释这些含义. 方程 $T_n(f) = \lambda_n f$ 意味着对所有正整数 m 有 $b_m = \lambda_n a_m$. 特别地, $b_1 = \lambda_n a_1$. 然而, 先前已计算出 $b_1 = a_n$. 由此推断对任意正整数 n 有 $a_n = \lambda_n a_1$.

术语"特征型"取自线性代数, 任意一个非零向量在线性变换下将其变为它自身的倍数, 就称它在这个线性变换下的特征向量. 如果你从维数大于 1 的复向量空间 V 和线性变换 $T: V \to V$ 开始, 你可以看到, 成为一个特征向量的非常特殊的条件. 然而, 线性变换 T 具有特征向量(只要 V 的维数不是 0)总是正确的.

因此, 一旦你知道基本的线性代数, T_n 有特征型就不令人吃惊了. 它们同时对所有的 T_n 具有特征向量的事实更让人惊讶, 但接下来注意到对任意的 n 和 m 有 $T_n \cdot T_m = T_m \cdot T_n$ 的事实就更容易. 这里的符号 · 代表函数复合, 因此, 现在我们可以明确进行对任意的 n 和 m 以及尖形式 f, $T_n(T_m(f)) = T_m(T_n(f))$.

回到一般的向量空间 V 和线性变换 $T: V \to V$, 我们说一些向量由 V 关于 T 的特征基组成, 如果它们中的每一个都是特征向量并且合在一起是 V 的基.[1] 对 V 拥有关于 T 的特征基是 T 的一个非平凡条件. 并不总是能够找到一个特征基, 但当它有可能时, 我们就会很幸运, 因为把 T 看作在特征基上的作用时就很简单, T 关于特征基的矩阵是对角矩阵, 这是在这种情况下可以求的最简单矩阵.

不幸的是, 一般情况下, 并不能保证 $S_k(\Gamma_1(N))$ 对任意 T_n 具有特征基. 当讨论(d)时, 我们将回到这里.

　　第三个事实: 假设 f 对所有的赫克算子是同时存在的特征尖形式:

$$T_n(f) = \lambda_n f$$

假定 f 有 q-扩张

---

[1]　回想一下, V 的一个基是由 V 中的向量构成的集合 S 满足 V 中任意一个向量都是 S 中向量的唯一的线性组合.

$$f(z) = a_1 q + a_2 q^2 + \cdots + a_n q^n + \cdots$$

那么在赫克算子的特征值 λ_n 和 q- 扩张的系数 a_n 之间,有一个非常好的相互依赖,即对任意的 n,有

$$a_1 \lambda_n = a_n$$

它就是上面得出的结论.

式中 $a_1 \neq 0$,因为定义一个特征形式是一个非零模形式. 因此,在这种情况下总是将这样的 f 标准化. 如果它是符合对所有的赫克算子的特征型的一个尖形式并且它的 q- 扩张首项是 q. 称这样的 f 是标准化的赫克特征型.

我们可以总结一下,如果 f 是一个标准化的赫克特征型,那么

$$f(z) = q + a_2 q^2 + \cdots + a_n q^n + \cdots$$

并且对所有 n,

$$T_n(f) = a_n f$$

这是非常完美的.

因为一个模形式由它的 q- 扩张决定,这意味着一个标准化的赫克特征型由它的赫克特征值决定. 如果 f 和 g 具有适合直线的相同的赫克特征值,那么存在的某个常数 c,使得 $f = cg$. 如果两个都是标准的,那么当然有 $c = 1$,并且 $f = g$. 因为关于素数 p 的 T_p 所有的赫克算子都可以计算,我们看到如果两个标准赫克特征型对所有素数 p 在它们的 q- 扩张中有相同的 a_p,那么它们必然相等,这意味着对所有 n,它们有相同的系数 a_n.

第四个事实:假设 f 是一个具有赫克特征值 a_n 的标准赫克特征型. 因此,f 的 q- 扩张是

$$f(z) = q + a_2 q^2 + \cdots + a_n q^n + \cdots$$

因为赫克算子 T_n 根据关于素数 p 的 T_p 可以被计算,对于 a_p,这里肯定有一个用 a_p 来表示 a_n 的公式. 我们不会写出这个一般公式,但是你可以从本章第 3 节所说的推论中推导出来. 这并不奇怪,对那些整除 n 的素数 p,也许 a_n 仅依赖 a_p. 特别的结果是,如果 n 与 m 互素,意思是它们没有共同的素数因子,

那么

$$a_{nm} = a_n a_m$$

这是非常好的性质,用函数来表示 $n \to a_n$ 是**乘法**. 请注意,在此处的上下文中乘法并不意味着对任意两个数 n 和 m 有 $a_{nm} = a_n a_m$,仅当整数 n 和 m 互素成立.

例如,Δ 是一个阶为 1 且权为 4 的标准赫克特征型.[1]它的赫克特征值是 $a_n = \tau(n)$,拉马努金 τ- 函数. 参阅第 13 章第 4 节所给出的 $\tau(n)$ 的值,这里的 $\tau(6) = \tau(2)\tau(3)$.

于是 τ- 函数是可乘的. 如果我们将其代回到将一个整数 n 写成 24 个平方数的和的方法数表达式 $r_{24}(n)$ 中,就可以写出一些奇怪的和先验的完全不可预知的公式. 这些公式与不同的 n 和 $r_{24}(n)$ 有关.

2. 新衣服,旧衣服

现在是时候解释(d)了. 我们选择在一样存在有赫克特征基的 $S_k(\Gamma_1(N))$ 的子空间上考虑. 事实上,这样做不会失去任何东西. 以下是解决方法.

这里有些方法可选择阶为 M 的模形式,如果 N 是 M 的倍数,则将其修改以使它们的阶为 N. 要做到这一点,最简单的方法就是尽力盯着模形式看两次. 换句话说,假设 $f(z)$ 是权为 k 且阶为 M 的模形式. 又假设 N 是 M 的倍数,严格大于 M. 因此,对所有属于 $\Gamma_1(M)$ 的 γ 有 $f(\gamma(z)) = (cz + d)^k f(z)$. 但是有一个小练习可表明 $\Gamma_1(N)$ 是 $\Gamma_1(M)$ 的子群. 因此,对任意属于 $\Gamma_1(N)$ 的 γ,同样的变换公式以风格完全一致的方式成立. 模形式的其他条件对 $f(z)$ 也继续成立. 因此,$f(z)$ 也可以考虑成阶为 N.

模形式 $f(z)$ 不应该"**真正**"有 N 阶. 但基于我们的定义,它应该有. 它是

---

[1] 它必定是一个特征型,因为 $S_{12}(1)$ 的维数碰巧是 1. 当我们应用赫克算子排除自乘时,对 Δ 没有可以应用的其他地方.

同在 $S_k(\Gamma_1(M))$ 和 $S_k(\Gamma_1(N))$ 中的成员. 因此, 当把它看作在 $S_k(\Gamma_1(N))$ 中时, 称它为"旧形式".

我们可以更聪明一些. 如果 $N > M$ 是 M 的倍数且 t 是 $\dfrac{N}{M}$ 的任一因子, 以及如果 $f(z)$ 的阶为 M, 那么检验 $f(tz)$ 的阶为 N 并不困难. 称由这种方法得到的所有模形式为阶为 N 的"旧形式". 所有由它们的线性组合构成的集合被称为 $S_k(\Gamma_1(N))$ 的"旧子空间", 可表示为 $S_k(\Gamma_1(N))^{\text{old}}$. 我们也称 $S_k(\Gamma_1(N))^{\text{old}}$ 中的任意元素为旧形式. 任何来自旧模形式的数论都可以在较低的阶上进行研究.

第五个事实: 任意一个阶为 N 的模形式可以写成一些新形式与一个旧形式的线性组合. 新形式是 q- 扩张与具有乘法系数的赫克特征型一样. 人们通过研究其低阶的组成部分的行为, 旧形式被认为已"理解".

我们已经提到过标准例子: Δ 是一个新形式. 它不可能是旧形式, 它的阶为 1, 因此它不会有更小的阶.

对于其他例子, 来看权为 12 的模形式. 我们知道 $S_2(\Gamma_1(1)) = 0$. 这里没有阶为 1 且权为 2 的模形式. 现在, 假设 N 是一个素数, 因此, 它仅有严格较小的除数为 1. 再一次说明这里没有在 $S_2(\Gamma_1(N))$ 中的旧形式, 因为它们唯一能导出的更小的阶是 1, 并且那里什么也没有. 因此, 如果 N 是一个素数, $S_2(\Gamma_1(N))$ 有新形式的基.

例如, 如果 $N = 11$, 碰巧 $S_2(\Gamma_1(11))$ 是一维的, 因此它的任意非零元都可以标准化, 并可给出唯一的权为 2 且阶为 11 的标准化的新形式. 下面是这个新形式的 q- 扩张:

$$f(z) = q - 2q^2 - q^3 + 2q^4 + q^5 + 2q^6 - 2q^7 - 2q^9 - $$
$$2q^{10} + q^{11} - 2q^{12} + 4q^{13} + \cdots$$

虽然我们主要谈论的新形式是从这里出发的, 旧形式在数论中也有各种重要用途. 其中一个我们已经看到了. 表示数的 $r_{24}(n)$ 是一个阶为 4 的旧形式 Φ 的 q- 扩张倍数加一个艾森斯坦级数. 如果回头看第 15 章, 你将会注

意到形式 Φ 是 $\Delta(2z)$ 和 $\Delta\left(z+\dfrac{1}{2}\right)$ 的线性组合. 第一个显然是阶为 4 的旧形式, 但第二个也是如此[1].

3. L- 函数

数学家已经定义了 ζ- 函数和 L- 函数 "附着" 在许多不同的数学对象上. 它们是由给定数学对象的性质来计算正数的狄利克雷级数. 用字母 ζ 或 L 来称呼是一个传统.

当两个不同的对象有相同的 L- 函数时, 它意味着两个对象之间有一种非常深刻、非常有用的紧密联系. 在第 17 章中将会看到这方面的例子. 在本节中, 我们想解释你如何能在一个模形式上 "附着" 一个 L- 函数, 并且会列举 L- 函数的一些非凡的性质.

假设你有一个无穷复数序列 $a_1, a_2, \cdots$, 能用它们做什么呢? 你可以将它们做成幂级数

---

[1]　Δ 的 q- 扩张是 $\sum \tau(n)q^n$. 如果回到第 15 章来看 $\Delta\left(z+\dfrac{1}{2}\right)$ 的 q- 扩张, 你会发现

$$\frac{1}{2}\left(\Delta\left(z+\frac{1}{2}\right)+\Delta(z)\right) = \sum \tau(2n)q^{2n}$$

因此

$$\Delta\left(z+\frac{1}{2}\right) = -\Delta(z) + 2\sum \tau(2n)q^{2n}$$

但是 Δ 是赫克特征型. 特别地, $T_2(\Delta) = -24\Delta$. 由 q- 扩张写出, 这个变为

$$\sum \tau(2n)q^n + 2^{11}\sum \tau(n)q^{2n} = -24\Delta.$$

现在将 z 替换为 $2z$, 得

$$\sum \tau(2n)q^{2n} + 2^{11}\sum \tau(n)q^{4n} = -24\Delta(2z),$$

换句话说

$$\sum \tau(2n)q^{2n} = -2^{11}\Delta(4z) - 24\Delta(2z).$$

代入上面的第二个方程, 得

$$\Delta\left(z+\frac{1}{2}\right) = -\Delta(z) - 48\Delta(2z) - 2^{12}\Delta(4z).$$

对这个巧妙的推导, 我们要感谢大卫·罗利希 (David Rohrlich).

$$a_1 q + a_2 q^2 + \cdots$$

并且问这是不是一个模形式的 q- 扩张. 或者将它们做成狄利克雷级数

$$\frac{a_1}{1^s} + \frac{a_2}{2^s} + \cdots$$

并问这是否生成了一个在某个域中关于 s 的解析函数——希望域是整个复平面. 特别地,如果系数 a_n 随 n 不是增长得太快,那么级数定义了一个在某个右半平面上的解析函数,然后就可以问这个函数能否进一步解析延拓到左边.

现在将这两个思路融合在一起. 如果从具有 q- 扩张的一个新形式开始

$$f(z) = q + a_2 q^2 + \cdots$$

那么可以用这些 a_n 构成狄利克雷级数,因为这些级数依赖于开始选择什么样的 f, 将它纳入其中. 并使用符号

$$L^*(f, s) = 1 + \frac{a_2}{2^s} + \cdots$$

使用星号是因为这不是正式的关于 f 的 L- 函数. 因为严谨的缘故,我们将对 L^* 作一点修改而得到正式的 L.

反之,如果从一些狄利克雷级数开始(这往往是一些其他的对象,如椭圆曲线或伽罗瓦表示的一个函数),那么就可以用相同的 a_n 构成 q- 扩张并且问它是不是一个模形式的 q- 扩张.

现在假定 f 是权为 k、阶为 N 的一个新形式. 定义

$$L(f, s) = N^{\frac{s}{2}} (2\pi)^{-s} \Gamma(s) L^*(f, s)$$

这里,$\Gamma(s)$ 是第 7 章中所讨论的 Γ- 函数. 因为 N 和 2π 都是正数,这里将它们提升为复指数没有任何问题.

赫克关于 $L(f, s)$ 证明了一些令人惊奇的事实.

首先,尽管它开始仅在右半平面 $\mathrm{Re}(s) > t_0$ 有定义(在这里,狄利克雷

级数绝对收敛且 Γ- 函数是解析的），但它可以被延拓[1]成为一个在所有 $s \in \mathbf{C}$ 上的解析函数.

其次，与 ζ- 函数分解成因式的欧拉分解平行，这里有一个 $L^*(f,s)$ 的因式分解，其中之一是对每个素数 p 有：

$$L^*(f,s) = \prod_{p+N} \frac{1}{1 - a_p p^{-s} + \chi(p)p^{k-1}p^{-2s}} \times \prod_{p|N} \frac{1}{1 - a_p p^{-s}}$$

第一个乘积是取遍不整除 N 的所有素数 p，而第二个乘积是取遍所有整除 N 的素数 p. 函数 $\chi(p)$ 是依赖于 f 的一个很好的函数. χ 的取值是单位根，当然它在理论上很重要（这里称它为 f 的 nebentype 的特征），但我们不需要在这里多说些什么.

分解反映了 f 是所有赫克算子的一个特征型. 事实上，如果你不嫌麻烦地使用几何级数的公式来做指定的划分，那么你可以重新得出用 a_p, m 和 $\chi(p)$ 来表达 a_{p^m} 的公式. 分解同时也告诉你，函数 $n \to a_n$ 是乘法.[2]

最后，是"函数方程"：

$$L(f,s) = i^k L(f^\ddagger, k - s).$$

在这个公式中，$f^\ddagger$ 是与 f 具有相同的阶、相同的权的另一个模形式. 它与 f 密切相关.[3]这个函数方程的存在表明 f 的 q- 扩张的系数 a_n 不只是一些随机的数字，而是挤得很紧，也许我们可以说它们之间有着神秘的关系. 素数 p 的分解也表明 a_n 之间的联系，但这些关系并不神秘. 它们是简单的事实，f 是所有赫克算子的特征形式.

---

[1]　我们在第 7 章中详细讨论了解析延拓，更广泛的讨论参见阿什和格罗斯（2012，第 12 章）的著作.

[2]　这意味着如果 n 和 m 没有共同的素数因子，那么 $a_{nm} = a_n a_m$.

[3]　在阿特金-莱纳算子下，$f^\ddagger$ 是 f 的虚部. 更多关于这个和关于模形式的信息，请参阅罗伯特和斯坦因（2011）的著作，其中有很好的解释.

第 17 章　更多与模形式有关的事：应用

我们掉进了一个被称为"求和"的阴暗的沼泽. 它们似乎没有尽头. 当一个求和完成时,总会出现另一个.

——温斯顿·丘吉尔,《我的早年生活》

在最后一章,我们给出了其他数论领域受益于模形式理论的应用的一个小例子. 前两节参考了阿什和格罗斯(2006;2012)的著作,在两本著作中,我们都发现自己被迫去简要地查阅模形式. 如果我们已经能够更深入地了解模形式,会在这里写下我们想要的. 显然,在这里不能概括前两本书的全部内容. 因此,对其中必要的省略表示歉意,但希望在接下来所讨论的两节内容中对其加以补充.

在这部分之后,我们还将提到两个应用模形式的有趣例子,一个问题是应用于群论多于应用于数论,另一个问题彻底切换到椭圆曲线理论. 我们将对未来进行一次展望作为结束.

在开始之前,我们应该说,模形式理论自身当然也是一个很有意思的课题——即使没有任何应用. 例如,如果你有两个模形式,有相同的阶 N 但可能有不同的权 k_1 和 k_2,你可以将它们乘起来得到一个新的模形式,阶仍为 N,但现在权为 $k_1 + k_2$. 那么阶为 N 且权为整数的所有模形式的集合形成了一个"环"——它在加法与乘法方面是闭的. 环的结构十分有趣,并且它与在同余群 $\Gamma_1(N)$ 下,位于上半平面 H 上的轨道所成的集合形成的黎曼面的代数几何有密切的联系. 这个黎曼面被称为 $Y_1(N)$,它蕴含了很多数论的内容. 事实上, $Y_1(N)$ 可以由系数在由代数数组成的数域中的两个变量的代数方程来定义.

1. 伽罗瓦表示

在阿什和格罗斯(2006)的著作中,我们讨论了伽罗瓦表示的概念.简言之,一个复数称为一个代数数,如果它是整系数多项式的根,那么所有代数数的集合,记为 $\overline{\mathbf{Q}}$,组成一个域:你可以加、减、乘和除以它们(只要你不除以零),其结果仍然是一个代数数.

"$\mathbf{Q}$ 的绝对伽罗瓦群",它称为 G_Q,它是"保持算术"的一一对应 $\sigma:\overline{\mathbf{Q}}\to\overline{\mathbf{Q}}$ 的集合——即对所有 $\overline{\mathbf{Q}}$ 中的代数数 a 和 b,有 $\sigma(a+b)=\sigma(a)+\sigma(b)$ 和 $\sigma(ab)=\sigma(a)\sigma(b)$.称 G_Q 是一个群的意思是可以将它的任意两个元复合(这些元是从 $\overline{\mathbf{Q}}$ 到同一个 $\overline{\mathbf{Q}}$ 的函数,因此能够复合),并得到 G_Q 的一个新元.同样地,G_Q 中元素的逆元仍然在 G_Q 中.

$\mathbf{Q}$ 的绝对伽罗瓦群包含了大量的信息.数论学家在过去几十年中以越来越快的速度挖掘了这些信息.获取其中的一部分的一种方法是寻找或考虑**伽罗瓦表示**.它是一个函数

$$\rho:\ G_Q\to GL_n(K)$$

这里的 K 是一个域,而 $GL_n(K)$ 定义为元素在 K 中的 $n\times n$ 矩阵群.要求 ρ 满足 $\rho(\sigma\tau)=\rho(\sigma)\rho(\tau)$.这里的 $\sigma\tau$ 表示先 τ 后 σ 的复合,而 $\rho(\sigma)\rho(\tau)$ 表示两个矩阵 $\rho(\sigma)$ 和 $\rho(\tau)$ 相乘.也可以要求 ρ 是连续的,它是一个技术性的(但重要的)条件,在这里不需要解释.

如果有一个伽罗瓦表示 ρ,你能用它做什么? 如果它是与你在其他地方得到的相同的伽罗瓦表示.这个相同的事实往往意味着你推测或发现了数论中一些非常重要的关系.有时这些联系被称为"互反律".

艾克勒和志村(对权为2)、德利涅(对权>2)以及德利涅和塞尔(对权为1)证明了任意一个新形式都与如下的一个伽罗瓦表示相关.为简明起见仅考虑有限域 K 上的伽罗瓦表示,这里的域 K 是一个包含 p 个元素的域.(这里,p 可以是任意素数,因为正在为此使用 p.当谈到赫克算子时,过去常常用 p,现在称为 l.)

因此,假设 $f(z)$ 是一个阶为 N 和权 $k\geq 1$ 的新形式且具有 q-扩张

$$f(z) = q + a_2 q^2 + \cdots$$

回想一下,称 $f(z)$ 是一个新形式意味着赫算子 T_l 的特征值是 a_l. 选取一个素数 p, 那么这里存在一个含 p 个元素的域的域 K 和一个伽罗瓦表示

$$\rho : G_Q \to GL_2(K)$$

"隶属于 f". (注意这里的 $n = 2$: 我们总是从新形式得到二维表示). "隶属"是什么意思?

对任意素数 l, 这里有存在 G_Q 称为"在 l 的弗罗贝尼乌斯元"的元素. 它们有许多, 我们用符号 $Frob_l$ 表示其中任意一个. 这似乎是一件危险的事, 但是我们最终会写出公式, 它不依赖于在 l 的弗罗贝尼乌斯元.

一般地, $\rho(Frob_l)$ 不依赖于使用的弗罗贝尼乌斯元, 所以我们不会选择不加修饰的矩阵 $\rho(Frob_l)$. 然而, 十分精彩的是, 如果 $l \neq p$ 并且 l 不是 N 的素数因子, 那么行列式 $\rho(Frob_l)$ 不会依赖选择的弗罗贝尼乌斯元. 事实上, 在某种程度上也没有比行列式 $\det(I - X\rho(Frob_l))$ 更复杂的行列式, 它是 X 中次数为 2 的多项式. 称为在 ρ 下弗罗贝尼乌斯在 l 的特征多项式.

我们说 ρ 依附于 f, 如果对所有不整除 pN 的 l, 总有关于多项式的等式:

$$\det(I - X\rho(Frob_l)) = 1 - a_l X + \chi(l) l^{k-1} X^2$$

这里的 χ 是第 16 章中所讨论的 f 的 L- 函数中出现的关于素数的函数. 这是一个很好的函数, 它的确切定义我们暂时不必涉及[1].

当 ρ 依附于 f 时, 在伽罗瓦表示与模形式之间有"互反律". 解释这个术语的过程是冗长的, 阿什和格罗斯(2006)的著作给出了它的解释. 这个互反律是有力的工具, 它一方面可用于研究绝对伽罗群和丢番图方程, 另一方面可用来学习更多的模形式. 这是一条双向的"街道", 在最近的数论研究中, 这两个方向都卓有成效. 这个互反律在 Wiles 和 Taylor 及 Wiles 所证明的模猜想和费马大定理中至关重要. 阿什和格罗斯(2006)[2]的著作对互反律也

---

[1]　在等式的右边, 我们将 a_l, $\chi(l)$ 和 l^{k-1} 看作"在 p 上用一个素数约化模", 因此它们都在域 K.

[2]　更为技术化的处理和细节, 请参阅 Cornell 等(1997)的著作.

有讨论. 我们将在下一节讨论这个模猜想.

当我们和他们一起变老时,由艾克勒和志村、德利涅以及德利涅和塞尔所给的定理正在逐渐变老. 它们都是在 20 世纪 50 年代到 70 年代被证明的. 然而,在更近的时期,这些定理的一个伟大的逆定理是由卡瑞和温登伯格证明的(2009a;2009b).

下面是 Khare 和 Wintenberger 的定理,他们的证明是建立在怀尔斯、泰勒和怀尔斯,以及许多其他数学家的工作基础之上的. 为了阐明它,我们不得不介绍绝对伽罗群 G_Q 中的元素 c, 它是简单的复共轭. 因为一个单变量的整多项式有共轭的成对的非实根,c 把代数数映成代数数,从而是 G_Q 中的一个元.

定理 17.1　假设 p 是一个素数而 K 是一个包含 $\dfrac{Z}{pZ}$ 的有限域.

给定

$$\rho: G_Q \to GL_2(K)$$

这是一个伽罗瓦表示,具有以下性质:如果 p 是一个奇数, $\det \rho(c) = -1$(如果 $p=2$, 就没有条件),那么这里存在一个附着 ρ 的模形式 f. 此外,有一个明确的但相当复杂的方法,决定了阶、权以及属于 f 的 χ- 函数.

这个定理是塞尔在 1987 年所做的猜想. 在 $\rho(c)$ 上的条件是必要条件,因为附着在新形式上的伽罗瓦表示必定满足这个条件.

二维伽罗瓦表示与模形式之间紧密联系的发现和证明是近半个世纪以来数论研究领域的一个亮点. 如果只写一个二维伽罗瓦表示和一个模形式的定义,它们之间没有什么特别的联系. 但它们相互影响(至少在如果 $\det \rho(c) = -1$ 时). 从这个联系出发,问题中的许多特征得以解释.

2. 椭圆曲线

现在我们继续来看阿什和格罗斯(2012)的著作中的一些内容. 一个椭圆曲线 E 可以由如下形式的方程给出

$$y^2 = x^3 + ax^2 + bx + c$$

这里的 a, b 和 c 是复数. 如果我们选择它们为有理数, 那么就得到"在 $\mathbf{Q}$"上的椭圆曲线, 这里有许多有趣的问题需要解决, 但最明显然的是问方程的解 (x, y) 是什么. 我们特别感兴趣的是 x 和 y 都是有理数的解. 但开始研究这种情况前, 我们不得不弄明的所 x 和 y 都是复数的解. 如果 R 是任意一个数系, $E(R)$ 表示 x 和 y 都在 R 中的方程的解集, 并且添加额外一个称为 ∞ 的解 (它表示 $x = \infty$ 和 $y = \infty$ ——一个你可以使用一点射影几何来保证有意义的解).

当做完这些后, 我们发现 $E(\mathbf{C})$ 在形状上是一个环面. 事实证明, 这个圆环可以自然地被看作复平面上对边粘在一起的平行四边形. 这个平行四边形的顶点在 $0, 1, z$ 和 $z + 1$ 处, 这里的 z 是上半平面 H 上的某个点, 并且 z 的选择给出了 H 和椭圆曲线之间的联系, 并直接导致了模形式理论.

如同我们在阿什和格罗斯 (2012) 的著作中所讨论的那样, 在 $\mathbf{Q}$ 上的椭圆曲线 E 有它自己的 L- 函数, 即 $L(E, s)$. 它是属于 $\mathbf{C}$ 所有的 s 一个解析函数, 由来自模掉一个素数 l 的解来构造, 即有限集 $E\left(\dfrac{\mathbf{Z}}{l\mathbf{Z}}\right)$ 的大小. 阿什和格罗斯 (2012) 的著作的主题是贝赫和斯维纳通-戴尔猜想, 该猜想明确了 $E(\mathbf{Q})$ 中有"多少"解可以以某种方式与 $L(E, s)$ 的性质相关联.

模猜想表明在 $\mathbf{Q}$ 上任意给定 E, 这里存在一个权为 2 的新形式 f 满足 $L(E, s) = L(f, s)$. (f 的阶从 E 的某个确定的性质来预测.) 这个猜想首先由怀尔斯攻破, 可参见上一节中的泰勒和怀尔斯的工作, 该证明彻底完成于布勒伊、康拉德、戴蒙德和泰勒. 也许这个猜想的证明最终比它的副产品费马大定理的证明更重要. 然而, 诸如费马大定理等著名问题是衡量对数论的理解程度的参照.

在陈述贝赫和斯维纳通猜想前, 必须假设模猜想成立. 这是因为后者涉及 $L(E, s)$ 在点 $s = 1$ 周围的性质. 然而, 仅从 $L(E, s)$ 的定义来看, 它只是 s 的实部大于 2 的一个解析函数. 我们唯一知道证明 $L(E, s)$ 延拓到整个 s- 平面的一个解析函数的方法是证明对某个新形式有 $L(E, s) = L(f, s)$. 那么, 正如在先前章节中所看到的, 赫克已经证明了 $L(f, s)$ 能够在整个 s- 平面上延拓成一个解析函数.

一旦你知道了模猜想是正确的, 然后你就可以问从 E 中得到的关于 f 的所有有趣的问题,当涉及 f 的权不为 2 时的新问题时,这些问题给你提供了新思路.

3. 月光

在本节中,我们给出一个稍微超出数论之外的例子. 在有限群理论中,有一个概念是"单群". 这些群并不一定简单. 这个术语指的是它们是所有有限群的构造单元,类似于质数是构成所有整数的单元,以及所有分子是由元素构成的一样. 有限单群都已被发现并列出是 20 世纪数学领域的重大成就之一. 它们的数量是无数的,但它们可以被列在各种无限的"家族"中,共有 26 个互不隶属于任何一个"家族"的群. 这 26 个"散"群中最大的一个,也是最后一个被发现的,被命名为"魔群",用字母 M 表示. 罗伯特·格里斯于 1982 年证实了它的存在. 一本关于这部分内容的好书(Ronan,2006).

秉承着这些想法. 从另外的角度考虑 $j(z)$,它是几个世纪以来就闻名于世的一个阶为 1 且权为 0 的弱模形式(一个弱模形式就像一个模形式,除了它的 q-扩张允许有有限个关于 q 的负指数). 正如你在模形式定义中所看到的,一个阶为 1 且权为 0 的模形式是 H 上的一个解析函数,对任意属于 H 的 z 和任意属于 $\mathrm{SL}_2(\mathbf{Z})$ 中的 γ 它在模群的作用下保持不变

$$j(\gamma(z)) = j(z)$$

任意具有这些性质的非零函数的 q-扩张必有负指数. 在某种意义上,j 是所有这些非零函数中最简单的例子. 因为它的 q-扩张从 q^{-1} 开始——它不包含别的负指数. 事实上,

$$j(z) = q^{-1} + 744 + 196\,884q + 21\,493\,760q^2 + \cdots$$

我们可以用具有更高权的模形式构造

$$j = \frac{E_4^3}{\Delta}$$

如果 E 是椭圆曲线 $\dfrac{\mathbf{C}}{\mathbf{Z} + z\mathbf{Z}}$,那么 $j(z)$ 是附属于 E 的一个重要的数,称为它

的 j- 不变量. 这就是为什么它在 19 世纪后期被发现后被当作研究椭圆函数的一部分的原因.

那么这些事情相互之间有什么联系呢? 20 世纪 70 年代末,约翰·麦凯注意到 $j(z)$ 的 q-扩张系数与魔群 M 的性质密切相关. 即使当时还没有人能证明 M 的存在,它的许多性质(假设它存在)已经为人所知.

确切地说,我们可以这样解释这些相关性质. 通常,为了研究一个群,我们可以探索它的"表示". 它们是群到矩阵群的同态[1]. 例如,我们要通过尝试理解伽罗表示来揭示 $\mathbf{Q}$ 上的绝对伽罗瓦群. 一个群的所有表示都可以从构建块(更多的构建块)中构建出来,称为不可约表示. 如果有一个群,我们可以试着列出它的不可约表示,并且可以观察它们的维数. 如果

$$f\colon G \to \mathrm{GL}_n(\mathbf{C})$$

是群 G 的一个不可约表示,那么它的维数是 n.

例如,任意一个群有平凡表示 $f\colon G \to \mathrm{GL}_1(\mathbf{C})$,它将 G 的任意元映到矩阵 [1]. 平凡表示是不可约表示并且维数为 1.

M 的不可约表示有且维数 $d_1 = 1, d_2 = 196\,883, d_3 = 21\,296\,876, \cdots, d_m,$ $\cdots$. 麦凯注意到的是在这些数和 j 的 q- 扩张之间有一种奇怪的联系. 你不得不跳过常数项 744 再看别的: q^{-1} 的系数是 $1 = d_1$, q 的系数是 $d_1 + d_2$, 且 q^2 的系数是 $d_1 + d_2 + d_3$. 类似的用 d_m 表达的公式也适用于其他系数——尽管系数并不总是等于 1. 但它们都倾向于是一个很小的正整数.

这个关于 j- 函数和"魔群"的奇怪的出乎意料的联系被约翰·康威和西蒙·诺顿称为"可怕的月光". 其他权为 0 的模形式的系数与其他有限群的系数之间也存在类似的联系. 对这些联系的研究的思想源自物理学和数学的其他部分. 在许多数学家的工作的基础上,1992 年,理查德·罗伯茨给出了"可怕的月光"充分的解释,他也因为这项工作而获得菲尔兹奖.

---

[1] 如果 G 和 H 是群,一个从 G 到 H 的同态是一个函数,$f\colon G \to H$ 具有的性质是对所有 G 中的元素 g_1 和 g_2 有 $f(g_1 g_2) = f(g_1) f(g_2)$.

4. 更大的群(Sato-Tate)

你可能注意到了我们在模形式中大量使用了 2×2 矩阵. 模群由一些特定的 2×2 矩阵组成,并且附属于模形式的伽罗瓦表示取值于 2×2 矩阵. 那更大的矩阵呢?

几代人以来,数学家们将模形式理论推广到其他种类的 2×2 矩阵群外以及更高阶数的矩阵群. 即使是 1×1 矩阵也能创造出唯一的"画卷",它被称为"自守形式". 这里不是讨论这个研究的地方,但毋庸置疑说,它是近年来数论研究中最活跃的领域之一.

即使你仅对 2×2 矩阵感兴趣,通过做更多一般理论并把你的结果应用到 2×2 矩阵理论. 你也可以得到很多的收获作为一个例子,我们将提及 Sato-Tate 猜想的证明,在本质上,它使用的是更高阶矩阵群上的自守形式理论. 它由克洛泽尔、哈里斯、谢帕德,以及泰勒在 2006 年宣布证明. 像往常一样,无论是猜想还是证明这个了不起的工作已经产生了各种各样的推广. 自守形式的全部领域现在是数论中的一个成熟且深刻的问题的来源和证明的工具.

因此,什么是 Sato-Tate 猜想? 假设 E 是 $\mathbf{Q}$ 上的椭圆曲线. 因为 E 可以通过整系数方程来定义,我们可以通过将系数模掉任意素数 l 来约化,然后考虑模掉 mod l 的解集. [你必须要小心考虑怎么去做,你必须在计数中包含 ∞. 我们在阿什和格罗斯(2012)的著作中讨论过该问题.]

记 N_l 是这些解的个数,即 $E\left(\dfrac{\mathbf{Z}}{l\mathbf{Z}}\right)$ 中的元素个数. 事实证明 N_l 非常靠近 $1 + l$,称这个差为 a_l,也就是说,

$$a_l = 1 + l - N_l$$

很久以前,Hasse 证明了绝对值 $|a_l|$,它当然是非负整数,总是小于 $2\sqrt{l}$. 问题是: a_l 如何随 l 而变化? 自然地是当 $l \to \infty$ 时, $|a_l|$ 会越来越大. 为了使问题保持在有限范围中,考虑标准化.

$$\frac{a_l}{2\sqrt{l}}$$

它总是在 -1 和 $+1$ 之间. 而弧度数在 0 和 π 之间的一个角的余弦值也在 -1 和 $+1$ 之间, 传统上由下述公式定义 θ_l

$$\cos \theta_l = \frac{a_l}{2\sqrt{l}}, 0 \leqslant \theta_l \leqslant \pi$$

我们的问题现在变为: 对一个固定的椭圆曲线 E, θ_l 如何随 l 变化?

这里有两种不同的椭圆曲线, CM 曲线和非 CM 曲线[1], 而针对我们的问题, 所期望的答案依赖于 E 的类型. 让我们假设 E 是非 CM 曲线. 我们在上半平面画一个半圆并以角度 $\theta_2, \theta_3, \theta_5, \theta_7, \cdots$ 画点. (事实上, 编写这样的程序并不难.) 这些点以相当随机的方式散开, 但在画了很多这样的点之后, 你会看到它们似乎填满一个半圆, 中间比两端更稠密. 当 $l \to \infty$ 时, 这些点的精确分布是什么? 这是由志村和佐藤 (独立地) 所提出的猜想. 他们的猜想准确地说是基于 θ_l 所定义的概率分布 $\sin^2 \theta d\theta$.

这个意思是, 如果你在半圆上选择一段圆弧, 记为 $\phi_1 < \theta < \phi_2$, 并且你计算这个半圆的分位点[2]为

$$f_L = \frac{\#\left\{ l < L \text{ 满足 } \phi_1 < \theta_l < \phi_2 \right\}}{\#\{ l < L \}}$$

那么这个答案 (对大 L) 将会接近于

$$c = \frac{2}{\pi} \int_{\phi_1}^{\phi_2} \sin^2 \theta d\theta$$

当 $L \to \infty$ 时, 这两个数相等 (也就是说, 当 $L \to \infty$ 时, f_L 存在并等于 c).

---

[1] 究竟是哪一类在这里并不重要, 但请放心, 人们通常很容易辨别出不同类型的椭圆曲线 E.

[2] 当然, 如果我们绘出对素数 l 的所有点, 我们在任意一段圆弧上都有无穷多个点. 代替的是我们限制 l 小于某个更大的数 L, 然后令 L 趋于超无穷.

这个猜想现在是一个定理. 例如, 如果我们在 $\frac{\pi}{2}$ 的周围取一段很小的圆弧, 那么 $\sin\theta$ 大约在 1 的附近, 所以点在这个中间弧上最稠密.[1]

5. 结尾

求和已完成.

——尤里西斯

我们从 $2+2=4$ (我们几乎写成了 $2+2=5$) 开始已经走过了漫长的道路. 数学, 特别是数论, 是人类牢固知识大厦的范例, 即使善于从这种大厦中挑出漏洞的现代哲学家, 也从来没在数论中发现过矛盾. (当然, 当有人发现似乎存在矛盾时, 他会努力工作, 直到他找到错误的原因. 在那之后, 他不会再坚持去发现新的错误.)

数论学家发现有趣的问题领域是随着理论的发展而发展. 结构上易于理解的问题是十分困难的, 比如写一个好的公式来计算一个整数能够写成奇数个平方数的和的数目, 就会把真正的问题隐藏在背后. 那些显露出新结构的解的问题受到了青睐, 这些结构常常成为好奇者关心和研究的主要对象. 例如, Sato-Tate 猜想对一个模掉素数的三次方程解的个数有相当全面的研究. 而如果不是有人先发现了 $|a_l| < 2\sqrt{l}$, 志村和佐藤甚至不会提出他们的猜想.

同时, 曾经用来证明 Sato-Tate 猜想的自守表示理论已经成为数论中的一个主要领域. 用它来证明这个猜想事实地是这个理论强大的标志. 问题激发了理论, 而理论提供了新的问题, 猜想则给予了沿途的路标. 我们不断地提出越来越多的难题, 它们的解决可以衡量我们在反对无知的战争中取得的进展. 正如安德烈-韦伊(1962, 引言)所描述的那样: "我们只有靠极好的运气才能进行这场与一个不断撤退的敌人的不流血战争."

_____

[1]　我们通过计算积分 $\int_0^\pi \sin^2\theta \, d\theta$ 得到 $\frac{\pi}{2}$ 以确保它有意义. 提示: $\sin^2\theta + \cos^2\theta = 1$.

参考文献

Ash, Avner, and Robert Gross. *Elliptic Tales: Curves, Counting, and Number Theory*, Princeton University Press, Princeton, NJ, 2012.

——. *Fearless Symmetry: Exposing the Hidden Patterns of Numbers*, Princeton University Press, Princeton, NJ, 2006. With a foreword by Barry Mazur.

Bell, E. T. *Men of Mathematics*, Simon and Schuster, New York, 1965.

Boklan, Kent D., and Noam Elkies. *Every Multiple of 4 Except* 212, 364, 420, and 428 *is the Sum of Seven Cubes*, February, 2009.

Buzzard, Kevin. *Notes on Modular Forms of Half-Integral Weight*, 2013.

Calinger, Ronald. *Classics of Mathematics*, Pearson Education, Inc., New York, NY, 1995. Reprint of the 1982 edition.

Cornell, Gary, Joseph H. Silverman, and Glenn Stevens. *Modular Forms and Fermat's Last Theorem*, Springer-Verlag, New York, 1997. Papers from the Instructional Conference on Number Theory and Arithmetic Geometry held at Boston University, Boston, MA, August 9-18, 1995.

Davenport, H. *The Higher Arithmetic: An Introduction to the Theory of Numbers*, 8th ed., Cambridge University Press, Cambridge, 2008. With editing and additional material by James H. Davenport.

Downey, Lawrence, Boon W. Ong, and James A. Sellers. "Beyond the Basel Problem: Sums of Reciprocals of Figurate Numbers," *Coll. Math. J.*, 2008, 39, no. 5, 391-394.

Guy, Richard K. "The Strong Law of Small Numbers," *Amer. Math. Monthly*, 1988, 95, no. 8, 697-712.

Hardy, G. H. *Ramanujan: Twelve Lectures on Subjects Suggested by His Life and*

Work, Chelsea Publishing Company, New York, 1959.

Hardy, G. H., and E. M. Wright. *An Introduction to the Theory of Numbers*, 6th ed., Oxford University Press, Oxford, 2008. Revised by D. R. Heath-Brown and J. H. Silverman, with a foreword by Andrew Wiles.

Khare, Chandrashekhar, and Jean-Pierre Wintenberger. "Serre's Modularity Conjecture. I," *Invent. Math.*, 2009a, 178, no. 3, 485-504.

——. "Serre's Modularity Conjecture. II," *Invent. Math.*, 2009b, 178, no. 3, 505-586.

Klein, Jacob. *Greek Mathematical Thought and the Origin of Algebra*, Dover Publications, Inc., New York, 1992. Translated from the German and with notes by Eva Brann; reprint of the 1968 English translation.

Koblitz, Neal. *p-adic Numbers, p-adic Analysis, and Zeta-Functions*, 2nd ed., Graduate Texts in Mathematics, Vol. 58, Springer-Verlag, New York, 1984.

Mahler, K. "On the Fractional Parts of the Powers of a Rational Number II," *Mathematika*, 1957, 4, 122-124.

Maor, Eli. e: *The Story of a Number*, Princeton University Press, Princeton, NJ, 2009.

Mazur, Barry. *Imagining Numbers: Particularly the Square Root of Minus Fifteen*, Farrar, Straus and Giroux, New York, 2003.

Nahin, Paul J. *Dr. Euler's Fabulous Formula: Cures Many Mathematical Ills*, Princeton University Press, Princeton, NJ, 2011.

Pólya, George. *Mathematical Discovery: On Understanding, Learning, and Teaching Problem Solving*, John Wiley & Sons Inc., New York, 1981. Reprint in one volume, foreword by Peter Hilton, bibliography by Gerald Alexanderson, index by Jean Pedersen.

Ribet, Kenneth A., and William A. Stein. *Lectures on Modular Forms and Hecke Operators*, 2011.

Ronan, Mark. Symmetry and the Monster: *One of the Greatest Quests of Mathematics*, Oxford University Press, Oxford, 2006.

Series, Caroline. "The Modular Surface and Continued Fractions," *J. London*

Math. Soc. (2), 1985, 31, no. 1, 69-80.

Titchmarsh, E. C. *The Theory of the Riemann Zeta-function*," 2nd ed., The Clarendon Press, Oxford University Press, New York, 1986. Edited and with a preface by D. R. Heath-Brown.

Weil, André. *Foundations of Algebraic Geometry*, American Mathematical Society, Providence, RI, 1962.

Williams, G. T. "A New Method of Evaluating $\zeta(2n)$, " *Amer. Math. Monthly*, 1953, 60, 19-25.

致　谢

　　我们要感谢普林斯顿大学出版社联系的匿名读者,他们给了我们非常有用的建议来改进本书的内容.感谢肯·奥诺和大卫·罗尔利希在数学上的帮助,理查德·韦克利在哲学上的帮助,以及贝特西·布卢门塔尔在编辑上的帮助.感谢阿尔瓦雷斯和凯伦卡特设计和制作了我们的书.一如既往地非常感谢编辑维妮·坎内的不懈鼓励和支持.

图书在版编目(CIP)数据

从一加一到现代数论/（美）阿夫纳·阿什
（Avner Ash），（美）罗伯特·格罗斯（Robert Gross）
著；张万雄译. --重庆：重庆大学出版社，2022.9
（懒蚂蚁系列）
书名原文：Summing It Up：From One Plus One to
Modern Number Theory
ISBN 978-7-5689-3444-2

Ⅰ．①从… Ⅱ．①阿… ②罗… ③张… Ⅲ．①数论—
普及读物 Ⅳ．①O156-49

中国版本图书馆 CIP 数据核字（2022）第 122677 号

从一加一到现代数论
CONG YI JIA YI DAO XIANDAI SHULUN
〔美〕阿夫纳·阿什（Avner Ash）
〔美〕罗伯特·格罗斯（Robert Gross）　　著
张万雄　译
策划编辑：王　斌
责任编辑：姜　凤　黄永红　　版式设计：赵艳君
责任校对：刘志刚　　　　　　责任印制：赵　晟
＊
重庆大学出版社出版发行
出版人：饶帮华
社址：重庆市沙坪坝区大学城西路 21 号
邮编：401331
电话：（023）88617190　88617185（中小学）
传真：（023）88617186　88617166
网址：http://www.cqup.com.cn
邮箱：fxk@cqup.com.cn（营销中心）
全国新华书店经销
重庆紫石东南印务有限公司印刷
＊
开本：720mm×1020mm　1/16　印张：13.75　字数：220 千
2022 年 9 月第 1 版　　2022 年 9 月第 1 次印刷
ISBN 978-7-5689-3444-2　定价：58.00 元

SUMMING IT UP: From One Plus One to Modern Number Theory / Avner Ash and Robert Gross.

版贸核渝字（2022）第 108 号